商品學

劉　瑜、楊海麗 ◎ 編著

前 言

商品學是專門研究商品使用價值的產生、發展、變化和應用規律的獨立學科。現代商品學是在世界科學技術高速發展、商業市場空前繁榮的情況下發展起來的。現代商品學從單純的研究商品使用價值及其變化規律,進一步深入到市場、資源、環境及社會的綜合研究中。該學科一方面研究當前消費者普遍關註的商品質量問題,另一方面從現代經濟社會發展和環境保護的角度研究商品的生產、流通與管理新技術,由此形成了現代商品學的若干新興研究領域。

伴隨著我國對內、對外商品貿易的發展,尤其是互聯網商品貿易的發展,商品學理論研究和應用實踐的領域不斷拓寬,這也在客觀上要求商品學的研究必須推陳出新,更好地順應當前全球商品市場發展的規律,加強對商品流通和管理等方面的應用性研究。本書正是以商品質量及其檢驗的基本知識為主,輔以商品組成原理、商品儲運管理、商品銷售管理等應用性知識的介紹。

本書從商品學總論的角度開展研究,共分為九章:第一章,商品學導論;第二章,商品成分與商品性質;第三章,商品質量與質量管理;第四章,商品標準與質量認證;第五章,商品檢驗與評價;第六章,商品分類與商品品種;第七章,商品編碼與商品條形碼;第八章,商品包裝;第九章,商品儲運與養護。以上各章主要依據商品經濟管理的基本要求開展簡要的研究,力求結合最新的商品分類與流通技術和管理方法,使讀者能快速掌握商品管理的動態和知識。因此,本書適合作為高校經濟管理類專業的教材,也可為廣大從事商品交易和商品研究的專業人員提供幫助。

本書是重慶工商大學經濟學院貿易經濟專業開展的"重慶市高等學校'特色專業、特色學科、特色學校'項目建設計劃(簡稱'三特行動計劃')"特色學科建設活動的成果之一。貿易經濟專業是重慶市特色專業,商品學是貿易經濟專業重點建設學科。筆者在多年特色教學實踐的基礎上,將教學中的部分內容簡化形成了本教材。

本書由重慶工商大學貿易經濟專業楊海麗博士負責總體框架設計,貿易經濟專業教師劉瑜負責編著。由於作者水平有限，難免對商品學的最新研究成果的運用研究得不夠深入細緻，懇請讀者諒解。我們會繼續努力，開展更加深入的學習和研究，在將來取得更好的成果。

作　者

目 錄

第一章　商品學導論 …………………………………………………… (1)
　　第一節　商品學的產生與發展 ………………………………………… (1)
　　第二節　商品的概念與特徵 …………………………………………… (2)
　　第三節　商品的使用價值 ……………………………………………… (4)
　　第四節　商品學的研究對象、內容與任務 …………………………… (6)

第二章　商品成分與商品性質 ………………………………………… (10)
　　第一節　商品成分與性質對商品使用價值的影響 …………………… (10)
　　第二節　商品的組成成分 ……………………………………………… (11)
　　第三節　商品的性質 …………………………………………………… (15)

第三章　商品質量與質量管理 ………………………………………… (22)
　　第一節　商品質量概述 ………………………………………………… (22)
　　第二節　大類商品質量的基本要求 …………………………………… (29)
　　第三節　影響商品質量的因素 ………………………………………… (32)
　　第四節　商品質量管理 ………………………………………………… (36)

第四章　商品標準與質量認證 ………………………………………… (44)
　　第一節　商品標準概述 ………………………………………………… (44)
　　第二節　商品標準分級 ………………………………………………… (46)
　　第三節　商品的標準化 ………………………………………………… (53)
　　第四節　商品質量認證 ………………………………………………… (57)

第五章　商品檢驗與評價 ……………………………………………… (62)
　　第一節　商品檢驗概述 ………………………………………………… (62)

第二節　商品檢驗的方法 ………………………………………… (64)
　　第三節　商品檢驗的程序和內容 ………………………………… (67)
　　第四節　商品質量的評價 ………………………………………… (70)

第六章　商品分類與商品品種 ………………………………………… (74)
　　第一節　商品分類原則與方法 …………………………………… (74)
　　第二節　商品分類標誌 …………………………………………… (77)
　　第三節　商品品種概述 …………………………………………… (80)
　　第四節　商品品種發展規律 ……………………………………… (83)

第七章　商品編碼與商品條形碼 ……………………………………… (86)
　　第一節　商品代碼與商品編碼 …………………………………… (86)
　　第二節　商品編碼方法 …………………………………………… (88)
　　第三節　商品條形碼 ……………………………………………… (94)

第八章　商品包裝 ……………………………………………………… (101)
　　第一節　商品包裝的概述 ………………………………………… (101)
　　第二節　商品包裝分類與要求 …………………………………… (103)
　　第三節　商品包裝技術 …………………………………………… (106)
　　第四節　商品包裝標誌 …………………………………………… (108)

第九章　商品儲運與養護 ……………………………………………… (115)
　　第一節　商品儲運概述 …………………………………………… (115)
　　第二節　商品儲運期間質量的變化 ……………………………… (117)
　　第三節　儲運商品的質量管理 …………………………………… (122)
　　第四節　儲運商品的養護方法 …………………………………… (125)

第一章　商品學導論

學習目標：

1. 瞭解商品學的產生與發展情況。
2. 掌握商品的概念與基本特徵。
3. 掌握商品使用價值的相關理論。
4. 掌握商品學的研究對象、研究內容和任務。

第一節　商品學的產生與發展

一、商品學的產生

商品學是隨著商品生產的發展、商品交換的擴大、商人經商的需要，逐漸產生和發展起來的，因此商品生產的發展、商人的出現是商品學產生和發展的前提。

中國商品經濟曾經比較發達，為商品學的誕生奠定了物質基礎。唐代陸羽所寫的《茶經》一書，詳細地論述了茶葉的種類性能、生產加工、經營保管、引用評審等方面的知識，被一致認為是世界上最早的一部商品學專著。

商品學作為一門獨立的學科最早產生在德國。18世紀初，德國的工業迅速發展，進口原材料與出口工業品的貿易擴大，客觀上要求商人必須具有系統的商品知識以勝任貿易工作，並對當時的商業教育提出了講授商品知識的要求。在商人和學者的共同努力下，德國的大學和商業院校開始講授商品學課程，並開展商品學研究。

德國的約翰·貝克曼教授在其教學和科研的基礎上，於1800年編著出版《商品學導論》一書，主要講述了商品生產技術、商品分類、商品性能、產地用途、包裝鑒定等知識。貝克曼還在書中指出，商品學作為一門獨立的學科，其任務在於研究商品的分類體系、商品的鑒定與檢驗、商品的製造方法和生產工藝、商品品種的價格及質量、商品在經濟活動中的作用及意義。該書創立了古典商品學的學科體系，明確了商品學的研究內容，貝克曼本人也被譽為商品學的創始人，他所建立的商品學體系被稱為貝克曼商品學。

二、商品學的發展

商品學自19世紀起相繼傳入義大利、俄國、日本、中國以及西歐和東歐的國家，並得到了迅速發展，商品學教育和研究也日益深入廣泛。中國的商業教育始於 1902年，商品學開始作爲商業學科里的一門必修課出現。

19世紀中葉，由於自然科學和技術的飛速發展，不少學者運用物理、化學等方面的研究成果開展了商品學的研究，把研究商品的内在質量、確定商品質量標準、擬定檢驗和鑒定方法作爲商品學研究的主要内容，奠定了商品學的自然科學和技術系統的基礎。

第二次世界大戰後，商品學的研究出現了新的發展，在西歐形成了經濟學體系的商品學，從經濟或技術經濟的觀點研究商品與人、經濟技術、自然資源及環境的關係，並把商品學歸於經濟科學的範疇，出現了銷售商品學、消費商品學、商品經濟學等分支學科。

20世紀80年代以後，隨著現代科技與經濟的高速發展，商品的"商"與"品"兩重性受到人們的同等重視，世界商品學開始步入技術型與經濟型相互交融的現代商品學時代。現代商品學強調從技術、經濟、社會、環境等多方面，運用自然科學、技術科學與社會科學相關的原理和方法，綜合研究商品與市場需求，商品與資源合理利用，商品與環境保護，商品開發與高新技術，商品質量控制、質量保證、質量評價及質量監督，商品分類與品種，商品標準與法規，商品包裝與商標、標識，商品形象與廣告，商品文化與美學，商品消費與消費者保護等技術和經濟問題。

第二節　商品的概念與特徵

一、商品的概念

1. 商品的一般概念

商品是人類社會生產力發展到一定歷史階段的產物。在人類社會分工簡單、生產效率低下的時代，勞動產品因其數量有限而僅用於生產者自身的需要。隨著人類勞動技能、勞動工具和社會分工的發展以及生產效率的提高，數量漸多的勞動產品除滿足生產者自身需要外開始出現剩餘，於是生產者的剩餘產品被拿來同他人的剩餘產品進行交換，以滿足自己的其他需要。這就出現了商品的生產、交換。恩格斯對此進行了科學的總結：商品"首先是私人產品。但是，只有這些私人產品不是爲自己的消費，而是爲他人的消費，即爲社會的消費而生產時，它們才成爲商品；它們通過交換進入社會的消費"。早期的商品交換方式是簡單的"以物易物"，後來便發展成爲以貨物爲媒介的交換方式，商品交換和商品生產的出現標誌着人類社會進入了商品經濟時代。

由上可知，商品是專門用於交換的勞動產品。商品的含義有狹義與廣義之分，狹義的商品是指通過市場交換，能夠滿足人們某種社會消費需要的物質形態的勞動產品，是有形商品；廣義的商品是指能夠滿足人們某種社會消費需要的所有形態（知識、勞務、資金、物質等形態）的勞動產品。隨著現代社會的高度商品化和技術創新的加速，商品的發展呈現出知識化、服務化等趨勢和特點，商品不僅是"需求"與"經濟"的結合，且開始向"技術"與"文化"結合的方向發展，這些都擴展和加深了商品研究內容的廣度和深度。

2. 現代商品的整體概念

現代商品的整體概念包含以下三個層次的內容：

（1）商品體。商品體是指人們通過有目的、有效的勞動投入（如市場調查、規劃設計、加工生產等）而創造出來的產物，具有能滿足使用者需求的具體功能。功能是商品體在不同條件下表現出來的某些自然屬性和社會屬性的總和，不同的使用目的或用途要求商品具有不同的功能。商品體能夠具備哪些性質或功能，是由商品體的成分組成（原料或零部件的組織結構、成品形態、規格、內部連接與配合、色彩裝飾的組合以及其他結構特徵）以及它們所反應的社會內涵所決定的。其中商品體的成分組成又決定了商品體可能形成的形態結構。因此，商品體是由多種不同層次的要素構成的有機整體，是商品使用價值形成的客觀物質基礎。

（2）有形附加物。商品的有形附加物，包括商品名稱、商品包裝及其裝潢與標誌、商標及其註冊標記、專利標記、質量和安全及衛生標誌、環境（綠色或生態）標誌、商品使用說明標籤或標誌、檢驗合格證、使用說明書、維修卡（保修卡）、購物發票等。它們主要是為了滿足商品流通（運輸、裝卸、儲存、銷售等）需要、消費（使用）需要以及環境保護和可持續發展需要所附加的。其中，包裝、商標等本身也是一種商品，它們既有使用價值，也有價值。商標還會隨著商品生產經營企業的技術進步和經營管理水平的提高而增加新的價值。

（3）無形附加物。商品的無形附加物，是指人們購買有形商品時所獲得的各種服務和附加利益，如提供信貸、送貨上門與免費安裝調試服務、售後保證與維修服務、退還退賠服務承諾、一定時期內的優惠折扣、附加財產保險等。善於開發和利用合法的商品無形附加物，不僅有利於充分滿足消費者的綜合需求，爲他們提供更多的實際利益，而且有利於企業在激烈的競爭中突出自己商品的附加服務和利益優勢，提高其市場競爭力。

二、商品的基本特徵

1. 商品是具有使用價值的勞動產品

某些天然物品，如空氣、陽光、雨水等，雖然具有使用價值，但因其不是勞動產品，所以不能稱為商品。而沒有使用價值，無法滿足人們合理的、正當的需要，甚至會危害人體健康、危及生命財產安全的勞動產品，如假酒、假藥、失效或變質的食品、藥品或化妝品，乃至毒品等，也不能算作商品。

2. 商品是供給別人消費即社會消費的勞動產品

馬克思特別強調："一個物可以有用，而且是人類的勞動產品，但不是商品。誰用自己的產品去滿足自己的需要，他生產的就只是使用價值，而不是商品。要生產商品，他不僅要生產使用價值，而且要爲別人生產使用價值，即社會的使用價值。"所以，人們自產自用的勞動產品，如農民留下自用的那部分農副產品，就不能稱為商品。其自用部分所占比例越大，該類產品的商品率就越低。

3. 商品是爲交換而生產的勞動產品

恩格斯在《資本論》中特意指出："要成爲商品，產品必須通過交換，轉到把它當作使用價值使用的人的手里。"對於生產者或經營者來說，商品是交換價值的物質承擔者，具有間接的使用價值，而沒有直接的使用價值。如果商品只有通過交換，到達需要它的用戶手中，才能實現其直接的使用價值。商品的使用價值不能實現，則其價值也就無法實現。所以，即使是以交換爲目的而生產的產品，如果發生積壓滯銷，在市場上得不到用戶的認可，也不是真正的商品，充其量只能是潛在的商品。當交換完成，商品進入消費環節成爲有用物品後，也不再是商品。由此可見，只有用於交換的勞動產品才能成爲商品。

第三節　商品的使用價值

一、商品屬性與使用價值

1. 商品的屬性

商品是否能滿足人們的消費需要，或者說對人們有什麼用途，歸根結底取決於商品所具有的屬性。商品的屬性是多方面的，可以概括爲自然屬性和社會屬性兩類。商品的自然屬性包括商品的成分、結構、形態和化學性質、物理性質、生物學性質、生態學性質等。商品的社會屬性包括商品的經濟性、文化性、政治性及其他社會屬性。自然屬性是商品自身固有的，社會屬性是後天被人們所賦予的，商品正是各種屬性選擇性組合的結果。

2. 商品屬性與使用價值

物品一般都具有使用價值。商品的使用價值是指商品對於其使用者的作用或效用，即商品的有用性。物之所以對人或社會有使用價值，恰恰在於物本身具有能夠滿足人或社會的需要的屬性，或者說具有能夠滿足人或社會某種需要的能力。"如果去掉使葡萄成爲葡萄的那些屬性，那麼它作爲葡萄對人的使用價值就消失了。"（《馬克思恩格斯全集》）

由此可見，物的使用價值是由人的需要和物的屬性兩者之間的作用而形成的。人們可以根據自己的需要，自覺能動地利用現有的自然物或者將其加工改造成符合目的的人工物（產品或商品），或者從市場選用符合目的的商品。但這些物是否能夠或能在多大程度上使人的需要得以滿足，即是否有使用價值或能有多大的使用價值，又是由物本身的屬性所決定的。物的屬性與人的需要的吻合程度或一致性程度，決定了物對人的使用價值的大小。可以說，人或社會的需要是物的使用價值形成的前提，離開人或社會的需要，物就沒有使用價值可言。而物本身的屬性是物的使用價值形成的客觀基礎。由於物的屬性多種多樣，可分別滿足人或社會的不同需要，從而形成不同的使用價值。不同的物可以有不同的使用價值，同一種物也可以有不同的使用價值，物及其屬性是物的使用價值的載體和客觀基礎。

二、商品使用價值的細分

1. 商品的個別使用價值與社會使用價值

從量的方面看，商品使用價值可以分爲商品的個別使用價值與商品的社會使用價值。商品的個別使用價值是指個別商品所具有的能夠滿足人或社會某種正當需要的能力。商品的社會使用價值則是指社會商品總量能夠滿足社會對每種特殊商品的特定數量的正當需要的能力。顯然，後者由前者構成，其區別主要在於量上的不一致。這種區分的意義在於：如果某部門生產的商品超過了社會的需要量，那麼"單位商品雖然具有使用價值，這些單位商品的總量在既定的前提下卻會喪失它的使用價值"（《馬克思恩格斯全集》）。所以，超過社會需要的那部分商品的個別使用價值，就得不到社會的認可，也就不能成爲商品的社會使用價值的構成部分。

2. 商品的交換使用價值與消費使用價值

商品不同於一般的物，它是通過交換滿足他人或社會消費需要的勞動產品。商品對於其生產者、經營者來說，雖然沒有直接的消費使用價值，但有間接的使用價值，即可以用它來進行交換從而獲得所需要的貨幣或其他物品，這就使商品成爲交換價值的物質承擔者，成爲企業經濟效益的源泉。馬克思把這種使用價值稱爲形式使用價值。爲了反應這種使用價值的客觀存在及其本質，我們把它稱爲商品的交換使用價值。馬克思把商品對其消費者、用戶所具有的直接的消費使用價值稱爲實際使用價值。它是由具體勞動賦予商品以各種有用性而產生的，是由商品的有用性在實際消費中所表現出來的滿足消費者需要的作用而形成的，我們把這種使用價值稱爲商品的消費使用價值。商品的交換使用價值反應了商品有關屬性與人們的交換需要之間的滿足關係。商品的消費使用價值則反應出商品有關屬性與人們的消費需要之間的滿足關係。廣義的商品使用價值概念包含商品的交換使用價值和商品的消費使用價值。狹義的商品使用價值概念僅指商品的消費使用價值。通常，人們所說的商品使用價值都是指後者。

三、商品使用價值的實現

商品的使用價值取決於商品的屬性。商品的屬性包括自然屬性與社會屬性，儘管商品的自然屬性有其固有性，但隨著科學技術的發展和人們認識水平的提高，商品的自然屬性正不斷地被擴展和改變。因此，商品的使用價值也隨著其歷史動態且綜合地發展著。要研究商品使用價值的實現，就必須綜合考慮商品的社會效應與時代效應。

1. 商品的社會效應

商品的社會效應，是指商品對社會的適應性，即社會公衆對商品的需求與滿意程度的評價，其實質是反應商品適應社會需要的程度。對具體商品而言，商品的外觀、款式（式樣或造型）等是商品社會效應的外在表現，即指商品適應社會需要的特性；商品的質量是商品社會效應的內在反應，即指商品滿足社會需要的特性。商品的社會效應告訴我們，必須向市場提供能滿足人們需要的產品，只有這樣，商品才能受到人們的歡迎，而不能滿足人們需要的商品，其使用價值的實現必然遭遇困難，最終導致市場上的失敗。

2. 商品的時代效應

商品的時代效應，是指商品適應時代要求的特性，也可稱爲社會流行性。它反應的是社會公衆對商品的認可與接受程度，同時也反應了時代風貌，表現了時代特點，以及商品在某個時期的流行趨勢及程度。它具有時限性和區域性特點，比如許多商品的消費具有季節性，服裝用品的消費隨季節的變換而變更。還有許多商品，其花色、品種、款式會隨社會時尚的變換而不斷改變，這些都是商品時代效應的表現。

商品的社會效應與時代效應共同制約着商品使用價值的實現程度與效果，因此是衡量商品使用價值實現程度與效果的標尺。

第四節　商品學的研究對象、內容與任務

一、商品學的研究對象

商品學是一門研究商品使用價值及其變化規律的應用學科，即商品學的研究對象是商品的使用價值。商品的使用價值是指商品因滿足其使用者需求所體現的有用性，是自然有用性和社會適用性的綜合。商品的自然有用性即商品的自然屬性，是某商品區別於其他商品的實質因素。研究商品的使用價值，首先就要研究與商品自然有用性相關的基礎理論與技術問題。商品的社會適用性即商品的社會屬性，是商品所附帶的心理的效用，能滿足人們精神和情感的需求。研究商品的使用價值也必須研究與商品社會心理相關的理論與技術問題。

商品使用價值的上述特徵，決定了商品學需要從自然科學、技術科學與經濟管理科學相互交叉、相互結合的角度，系統地研究商品使用價值的開發、形成、維護、評價和實現整個過程的規律。因此商品學是一門綜合性的交叉應用學科，不僅涉及物理學、化學、生物學、醫學、工藝學、材料學、環境科學、計算機科學等自然科學，還涉及行銷學、物流學、產業經濟學、國際貿易、企業管理、社會學、法學等社會科學。

二、商品學的研究內容

商品學的研究內容是由其研究對象所決定的。商品學是研究商品使用價值及其變化規律的學科，商品使用價值的直觀表現形式是商品的質量，因而，商品質量是商品學研究的中心內容。商品學正是圍繞商品質量，研究商品質量的構成及其影響因素、商品質量的檢驗與評價、商品的分類與管理、商品質量的維護與實現等。主要包括如下內容：

1. 商品質量的構成

研究商品質量，首先要研究商品質量形成的基礎，這主要涉及商品的自然屬性，包括商品的成分、結構、形態、物理性質、化學性質及生物學性質等；其次是影響商品質量的外部因素，包括原材料、品種、生產工藝與技術、儲存與使用方法；最後是商品質量的主要特性。

2. 商品質量的檢驗、監督與評價

質量檢驗是商品質量評價的基礎，質量檢驗涉及檢驗的依據、形式與檢驗方法，以及商品檢驗的標準與商品的標準化。商品質量監督涉及商品質量管理、管理方法、商品質量認證體系與質量認證。商品評價包括商品的分級及分級的方法。

3. 商品分類、編碼與管理

商品分類和編碼是質量管理的前提，商品分類涉及分類的方法、分類標誌及分類體系。在商品分類的基礎上構成商品編碼及商品條形碼。商品品種是在商品分類的基礎上形成的，商品品種的形成與變化涉及消費需求的變化。

4. 商品質量維護與實現

商品質量維護涉及商品包裝、儲存與養護等方面的內容。商品包裝包括包裝的作用、分類與方法。商品儲存包括儲存的環境與影響因素。商品養護包括養護方法與技巧等。商品使用價值的實現涉及社會文化與消費需求的變化等。

三、商品學的研究任務

1. 闡述商品的有用性和適用性

商品的有用性和適用性是構成商品使用價值的最基本條件，離開了對商品有用性和適用性的研究，商品的使用價值就無從談起。只有對商品有用性和適用性進行全面地闡述，才能發現和明確商品的用途及合理利用的方法。

2. 管理與評價商品質量

商品質量是企業的生命，又與消費者的切身利益緊密相關。通過對商品成分、結構和性質的分析，探討與研究商品質量特性和檢驗商品質量的方法及方法的選擇，可以更好地為制定和修訂商品質量標準和商品檢驗標準提供依據，從而為評價商品質量奠定良好的基礎。

3. 分析商品質量變化規律

商品質量雖然是在生產過程中形成的，但也處於動態變化中。由於商品在流通領域中的運轉和停留，必然要受到各種外界因素的影響，從而產生不同的質量變化。

商品學不僅要研究商品質量變化的類型及其表徵，更重要的是分析其質量變化的原因，並從中找到預防商品質量劣變的有效的方法。透過對商品進行包裝、儲存和運輸，從而使商品質量得到保護，減少或避免商品的變質損失。

4. 研究商品科學系統的分類

由於商品經營管理目的的不同，商品的分類體系也不同。通過對商品分類原則和商品分類方法的研究，提出明確的分類目的，選擇適當的分類標誌，才能進行科學系統的商品分類，將分類的商品集合體形成適應需要的商品分類體系、商品目錄和商品代碼。

商品分類還與社會文化環境和消費需求有關，只有不斷關註社會文化和消費者需求的變化才能形成合理的商品品種，從而減少商品在開發、生產和質量實現上的盲目性。

5. 促進商品使用價值的實現

通過對商品各種屬性的研究，不僅可以促進對商品個體使用價值內容的把握，也可以促進對商品群體使用價值構成的瞭解，從而為企業提供有效的商品需求信息，提出對商品的質量要求和品種要求，保證市場上商品適銷對路。

商品經營管理者學習研究商品學，不僅可以掌握有關商品的理論知識，幫助他們經營管理好各種商品，實現商品使用價值的交換，還可以通過大力普及商品知識使消費者認識和瞭解商品，讓他們學會科學地選購和使用商品，掌握正確的消費方式和方法，促進使用價值的最終實現。

學習案例

商品屬性與經濟行為

人們交易商品所看重的往往不是商品的重量、大小等這些基本屬性，而是每種商品各自的獨特屬性，如食品的口味和營養、衣服的保暖和舒適、房子的堅固和遮蔽風雨等。這些獨特的屬性構成了交易的基礎，而對這類屬性組合的度量和測定，是達成交易的重要環節。遺憾的是，許多屬性的度量都是複雜和困難的，賣家要努力地顯示他所出售的商品的屬性並證明其屬性品質的優良，而買家則會不斷地權衡和考量其所需商品的屬性及好壞，雙方所努力的程度不同會造成不同的交易安排和交易價格。一般來說，賣家更內行或更努力地證明了其出售的商品品質好，他就能索取更高的價格；相反，買家更內行或更努力地測度了商品的品質差，他就能以更低的價格取得商品。

通過研究具體的商品，我們發現最終的消費品，如各類食品、服裝及各種裝飾品，由於其屬性更多地涉及人們的主觀感受，因此這類商品的屬性測度標準的差異很大，如能個性化、小批量的生產將更有利於滿足消費者的需求，同時利用廣告等大眾媒介影響人們的偏好，也是有利可圖的；耐用消費品，如家電、汽車和住房，由於其商品構成十分複雜，且涉及大量的專業知識，使得買方幾乎不可能對其進行屬性和品質的甄別，於是品牌、企業形象和商譽、售後服務等一系列屬性顯示和品質保證的行為可以促使交易的完成，並帶來更大收益。

另外，我們發現，由於賣家長年地販賣一種或少數幾種商品，他們對這些商品屬性的知識要遠遠多於買家，在很多時候，買家很難單對賣家的商品進行直接的甄別，於是賣家提供的顯示屬性的信息和努力程度就更為重要，而賣家之間的有效競爭是保證賣家向買家提供充分有效的商品信息的最重要的機制。此外，隨著商品種類和數量的不斷增長，買家要對商品進行直接甄別的成本會增長較快，於是買家將更多地利用品牌、商標、企業信譽等信息來間接地甄別，以降低交易成本，從而促進企業更註重品牌的維護和企業形象的樹立。

思考題：

1. 簡述商品的概念及基本特徵。
2. 舉例說明整體商品的概念。
3. 如何全面理解商品的使用價值？
4. 商品學的具體研究內容是什麼？

第二章　商品成分與商品性質

學習目標：

1. 瞭解商品成分和性質對商品使用價值的影響。
2. 瞭解組成商品的基本化學成分。
3. 掌握大類商品的主要化學成分。
4. 掌握商品的主要性質與表現。

第一節　商品成分與性質對商品使用價值的影響

一、商品成分對商品使用價值的影響

商品都是由一定種類和數量的化學成分所組成的，商品所含化學成分的種類和數量對商品的品質、用途、性質等有着決定性的影響。

許多商品的品質取決於其中的化學成分的種類和數量，例如：原油中硫的含量越低，原油品質就越高；化肥中氮磷鉀含量越高，肥效越高，質量越好；304鋼是優質的不銹鋼，優質的原因是其中鉻（18%）和鎳（8%）的含量很高，而普通鋼中鎳的含量不足1%；牛奶的蛋白質和鈣的含量越高，營養價值越高，品質越好。所以，很多商品的品質高低是通過鑒定其化學成分來判斷的。

商品的成分還會影響到商品的物理、化學和生物學性質。如物理的機械性能、化學的易燃易爆性、生物學的易霉腐性等。碳素鋼的抗拉強度和硬度隨含碳量的增加而增高，而塑性和韌性隨含碳量的增加而降低。成品茶葉的含水量一般在4%~6%，較長時間保存也不會變質，如果含水量超過了12%，加上吸收空氣中的氧，就很容易滋生微生物，使茶葉霉變。所以，商品的化學成分是形成和改變商品性質的基礎。

商品成分還與商品的不同用途密切相關。塑料所含的化學成分不同，種類繁多，用途各異。如脲醛塑料的主要成分是脲醛樹脂，用於製作鈕扣、餐具、皂盒等；聚乙烯塑料的主要成分是聚乙烯樹脂，用於製作奶瓶、保鮮膜、塑料管、水桶、面盆等。植物中含有的黃酮，經過提取後，可以製作成具有消炎抗菌功能的藥品；植物中提取的維生素E，用於化妝品生產，具有抗衰老的作用。

綜上所述，商品的化學成分會影響商品的品質、性質和用途，與商品的使用價值密切相關，是研究商品使用價值不可缺少的內容。

二、商品性質對商品使用價值的影響

商品的性質和商品的使用價值有着緊密的聯繫。商品的性質是指商品本身所具有的屬性，如物理性質、機械性質和化學性質。商品的性質決定了商品使用價值的範圍、場合、時效以及要充分發揮商品的使用價值所應註意的問題。

以物理性能爲例，機械性質上耐磨、抗壓的商品在使用價值上大多能用來作爲人們生產生活中的用品。比如，不銹鋼由於化學性質穩定，擁有良好的不銹性能，且堅固、抗壓、耐磨，因而在城市重要的輸配水管道中得到良好的應用。以酚醛樹脂爲主要原料制成的熱固性塑料，具有堅固耐用、尺寸穩定、耐酸等性能，添加雲母或玻璃纖維，可作爲高絕緣性產品；如果加入橡膠以增強抗震性，則可作爲高韌性材料使用；加入苯胺、環氧、聚酰胺等制成的酚醛層壓板，具有機械強度高、電性能良好、耐腐蝕、易加工等特性，被廣泛地應用於低壓電工設備。

我們常見的食品或生活用品，由於性質不同，用途也有差異。比如橄欖油和花生油都是食用油，但由於橄欖油中含有豐富的微量元素角鯊烯、黃酮類物質，具有較強的抗氧化性能，能增強人體免疫力、延緩衰老，因而可用作美容產品，防止皺紋、抑制疤痕等。普通食用油中含有多酚等物質，由於酸值較高，不能作爲美容產品，否則會破壞皮膚的弱酸性，引起皮膚過敏、起痘、變黑等不良反應。再比如鋁制品因含鋁量的不同有生鋁制品（含鋁量98%以下）與熟鋁制品（含鋁量98%以上）之分。生鋁制品由於性質脆硬，只能用翻砂法鑄造成各種型材，主要用於建築五金等領域；而熟鋁制品性質柔軟，可以延壓或衝軋成多種器皿，如鋁鍋、水壺、面盆、飯盒等生活用品。

第二節　商品的組成成分

商品的主要成分是指使商品具有其特有使用效能的基本成分，是商品體所含各種化學成分的總稱。商品的品種繁多，使用價值及所用原料各不相同，其化學成分亦各不相同。有的商品所含化學成分比較單純，有的則相當複雜。我們要研究各個成分與質量的關係，並瞭解商品標準中對各成分的規定含量，這樣才能從本質上認識和鑒定商品質量。

一、商品的基本成分

自然界所有的物體都是由物質組成的，商品也不例外。依據商品的化學成分可以將所有的商品區分爲無機物商品和有機物商品兩大類。

1. 無機物商品

無機物可分爲單質和無機化合物兩類。單質是指由同種元素組成的物質，如金屬類的金、銀、銅、鐵等，非金屬類的氫、氧、氮、硅、溴等物質。化合物是指由兩種或兩種以上元素組成的物質，我們一般把不含碳的化合物（一氧化碳、二氧化碳、碳

酸、碳酸鹽及氰化物等除外）統稱爲無機化合物，簡稱爲無機物。無機物按其組成的性質不同又可分爲氧化物、碱、酸和鹽四大類，例如硅酸鹽制品玻璃、二氧化硅制品陶瓷。

以無機物爲原料制成的商品就是無機物商品，這些商品廣泛地存在於我們的生產與生活中，如鐵制品、鋁制品、水泥、耐火材料制品等。食品中的某些常量元素，如鈣、鎂、氯等，以及微量元素，如銅、鋅、氟等也是無機物，是有機體中包含的無機離子。

2. 有機物商品

有機物指含碳的化合物（一氧化碳、二氧化碳、碳酸、碳酸鹽等簡單化合物除外），簡稱爲有機物。許多有機化合物由碳和氫兩種元素所組成，稱爲碳氫化合物或簡稱爲"烴"。烴分子中的氫被其他原子或原子團取代後的產物稱作烴的衍生物，因此有機化合物大多爲碳氫化合物及其衍生物。

以有機物爲原料制成的商品就是有機物商品，如綢緞、毛綫、棉布、麻布、肥皂等。一部分有機化合物的分子量不過幾十或幾百，我們稱其爲低分子有機物，以其爲原料制成的商品爲低分子有機物商品，如香皂、合成洗滌劑、石油制成品等。還有一部分分子量很高的有機化合物，以其爲原料制成的商品被稱爲高分子有機物商品，如糧食中的主要成分澱粉，棉花和木材中的纖維素，以及食品中的蛋白質；工業制成品中的合成纖維、合成橡膠、合成塑料制品等。

二、大類商品的成分

1. 食品類商品的化學成分

食品的化學成分不但決定商品的質量和營養價值，同時還與食品的性質及其質量有密切關係，也是決定食品加工和保管、包裝方法的主要因素。因此，食品的化學成分是研究食品質量、營養價值和食品儲藏的重要依據。

食品的成分比較複雜，不同食品的成分及含量都是不同的，而食品營養價值主要取決於其所含的營養成分。食品的主要營養成分有糖類、蛋白質、脂肪、維生素、礦物質、有機酸和水分等。

（1）糖類。

糖類廣泛存在於動植物體內，是自然界存在最多的一類有機物。糖類由碳、氫、氧三種元素組成，按其分子結構可分爲單糖、雙糖和多糖。單糖是糖類中最簡單的不能再水解的糖，常見的有葡萄糖、果糖和半乳糖。它們能被人體直接吸收，但在甜味和吸濕性等方面有差別。雙糖是由兩個單糖分子縮合而成的糖，食品中常見的有蔗糖、麥芽糖和乳糖。雙糖不能被人體直接吸收，要水解成單糖後才能被吸收，具有不同的甜度和吸濕性。多糖是由許多單糖分子縮合而成的比較複雜的糖，食品中常見的有澱粉、糖原、半纖維素和纖維素等。米面等主食中都含有大量澱粉，澱粉無甜味、不溶於水，只有經消化水解成葡萄糖後才能被人體吸收。

（2）蛋白質。

蛋白質是構成人體細胞的物質基礎，除了能與糖類產生相同的熱量外，在生理方面具有特殊的作用，是其他營養成分所不能代替的。蛋白質主要由碳、氫、氧、氮四種元素組成，這些元素的原子組成氨基酸，氨基酸中有 8 種是人體不能合成必須從飲食中獲得的。由於食品中蛋白質的來源不同，這 8 種必須氨基酸的種類和數量並不完全一樣，凡是種類齊全、數量又符合人體合成蛋白質的需要的蛋白質的營養價值高，稱爲完全蛋白質（也叫足價蛋白質），反之則稱爲不完全蛋白質（也叫非足價蛋白質）。肉、蛋、乳等動物性食品中的蛋白質均屬於完全蛋白質，植物性食品中的蛋白質大多數屬於不完全蛋白質。

蛋白質在微生物的作用下，會水解爲氨基酸，並進一步分解產生氨、硫化氫、吲哚糞臭素等腐敗產物。凡是發生了蛋白質腐敗的食品均不得銷售，更不得食用。

（3）脂肪。

廣義的脂肪包括中性脂肪和類脂質。狹義的脂肪僅指中性脂肪，是甘油和三分子脂肪酸形成的脂。通常稱液態的爲油，固態或半固態的爲脂肪。類脂質是一些能溶於脂肪的物質，其中特別重要的有磷脂和固醇兩類組成成分。

脂肪是人體組織細胞的一個重要組成成分。腦和外圍神經組織都含有磷脂。固醇是體內合成激素的重要物質，中性脂肪構成機體的儲備脂肪，此種脂肪一方面可在機體需要時被動用，另一方面也具有隔熱、保溫及保護內臟的作用。

膳食中含有一定數量脂肪可以促進脂溶性維生素的吸收。同時，脂肪又是一種富含熱能的營養素，富含脂肪的食物具有較高的飽腹感，還可以增加膳食的美味。

（4）維生素。

維生素是維持人體生命和生長發育必須的一類營養成分。它雖然不能爲人體提供熱量，在生理上需要量也很少，但它對體內營養成分的消化、能量的轉變和正常的生理活動都具有十分重要的作用。

目前已知的重要維生素有 20 多種，可分爲兩類：一類是脂溶性維生素，包括維生素 A、D、E、K 等；另一類是水溶性維生素，包括 B 族維生素，維生素 C、P、H 膽鹼、肌醇等，在許多食物中廣泛存在。大多數維生素性質不穩定，因此要註意烹調加工方法，減少維生素的損失。

（5）礦物質。

礦物質是構成人體必需的物質，同時又有調節人體生理功能和體液酸鹼平衡的作用。人缺乏礦物質會患各種疾病，如缺鈣的小孩患佝僂病。而某些微量元素，人體吸收稍多時，又會引起中毒，如鐵、鋅、氟等。此外，食品中有有機酸、芳香油、葉綠素以及獨特的成分和一定量的水分。

2. 紡織品商品的化學成分

紡織品是利用紡織纖維經紡紗織造而成的，紡織纖維的種類和性質直接決定紡織品的特點和質量。紡織品雖然品種很多，但其所用的原料可以分爲兩大類：天然纖維和化學纖維。

（1）天然纖維。

天然纖維主要包括棉、麻、絲、毛四種纖維。棉纖維的主要成分是纖維素（約占94.5%），還含有少量的果膠質、蠟質、含氮物和灰分等。其中纖維素的性質決定了棉纖維織品的自然屬性。它保溫性好、吸濕性強、耐鹼性強、耐酸性差，具有較好的耐熱、耐光性能。

羊毛纖維的主要成分是角質蛋白（含量爲97%以上），另外含少量的動物膠原、色素和礦物質。羊毛纖維的性質主要取決於角質蛋白的性質。羊毛纖維的耐酸性較強，而耐鹼性較差，受氧化劑作用易氧化分解。羊毛具有良好的彈性和吸濕性，並具有可塑性和縮絨性，形成了毛織品獨特的風格特徵。

蠶絲的主要成分是絲素（占干重的72%～80%）和絲膠（占干重的18%～25%），另含有少量的脂肪、蠟質和灰分等。因爲絲素和絲膠均爲蛋白質，所以蠶絲的性質與羊毛有些相似，也是耐酸性好，耐鹼性差。蠶絲對鹽、氧化劑的作用也很敏感，耐光性也較差。

（2）化學纖維。

化學纖維主要包括人造纖維和合成纖維。人造纖維是指以天然高分子物（如木材、棉短絨、蘆葦、大豆等）爲原料，用化學方法和機械加工制得的纖維，包括粘膠纖維、醋酸纖維和銅氨纖維，其中常見的是粘膠纖維。粘膠纖維的光澤強烈、手感柔和、穿着舒適、易於染色，但強度和彈性較差，耐磨性也差，製品易變形。其他性能與棉纖維相似。

合成纖維是指從煤、石油、天然氣以及某些農產品原料中提取的簡單有機物，如苯、苯酚、糠醛、乙烯、乙炔、丙烯等，利用人工合成的方法，把這些有機物聚合加工成高分子化合物，再經紡織加工而得的各種纖維。合成纖維主要有聚酰胺類纖維（錦綸）、聚酯類纖維（滌綸、氨綸）、聚丙烯腈纖維（腈綸）、聚乙烯醇纖維（維綸）、聚氯乙烯纖維（氯綸）、聚丙烯纖維（丙綸）。

3. 日用工業品的化學成分

日用工業品的種類很多，用途複雜，化學成分也最爲複雜，可以概括爲無機物商品和有機物商品兩大類。

（1）無機物商品。

日用工業品中無機物商品主要包括各種金屬商品和硅酸鹽商品等。金屬商品的主要成分是各種金屬，是由金屬元素組成的一類單質。一種金屬可以獨立形成某一製品，也可以與另一種（或幾種）金屬或非金屬熔合而成爲合金，合金的性質不是其組成成分性質的簡單的總和，而是形成新的獨特的性質。如在鐵中加入一定量的鉻和鎳煉成不銹鋼，改變了鐵易生銹的性質，且耐酸鹼，成爲優良的金屬材料。日用工業品中的金屬主要有鐵、鋁、銅及相應的合金和化合物。

硅酸鹽製品的主要成分是二氧化硅。以二氧化硅和硅酸鹽爲主要原料製成的商品有玻璃、陶瓷制品、水泥、耐火材料等，搪瓷物品的瓷釉也是硅酸鹽。生產這些商品的工業稱爲硅酸鹽工業，在國民經濟中占有很重要的地位。

（2）有機物商品。

有機物商品分低分子有機物商品和高分子有機物商品。日用工業品中的低分子有機物的商品主要有肥皂、合成洗滌劑、鞋油、衛生球、化妝品等；日用工業品中的高分子有機物商品主要有塑料、橡膠、紙張、皮革等製品。

第三節　商品的性質

一、商品的物理性質

1. 重量

商品的重量是指商品所受重力的大小，是用來表示和評價某些商品的一個重要物理量，直接反應商品品質的高低及原材料的消耗。例如，紡織品的 1 平方米重量（在固定的溫濕度條件下）若低於定額，就不符合商品標準而影響商品的質量；而超過定額，則會造成原材料的浪費。有些商品的重量可以直接用於評價商品的質量，比如紙張、皮革、蛋白質的含量等，它們在國家技術標準中有嚴格的規定。商品重量還為計算原材料消耗和商品包裝運輸提供依據。

2. 密度或容重

商品的密度是指商品單位體積的質量。具有固體成分而結構緊密的商品通常具有固定的密度值，如鐵制品的密度為 $7.8g/cm^3$，鋁制品的密度為 $2.7g/cm^3$ 等。液體在一定溫度下，由於內部組織的不同，密度會發生變化。因此，根據密度可判斷某些液體商品的純度和品質是否正常。密度是這些商品的主要物理指標，例如，植物油脂的相對密度與品質、品種和純度有密切關係。

容重主要用來測定多孔性物體的單位體積重量。由於同樣重量的材料在多孔性狀態下所占體積比在緊密狀態下所占體積大，所以，多孔性材料的容重小於密度。對同一種材料的密度和容重進行比較，可以測定材料的多孔性，即材料的孔隙程度。

3. 吸濕性

商品吸附和放出水分的性質稱為吸濕性。具有吸濕性的商品在潮濕環境中能吸收水分，在干燥環境中能放出水分。商品吸濕水分的多少，與其周圍環境的溫度、濕度以及商品的成分和結構有密切關係。商品周圍環境溫度高、濕度大時，商品吸濕就多，相反，放濕就多；在商品組成成分中，親水因子含量多，商品吸濕就多，相反則不易吸濕；從商品的組織結構看，商品體結構疏鬆多孔，單位體積內表面積大，吸濕就多，相反則吸濕少。商品通過吸濕或放濕，最終達到吸濕平衡。吸濕性是食糖、奶粉、紙張、紡織品和某些化工商品的重要物理性質，會直接影響到商品的儲運、養護和使用條件。

4. 滲透性

滲透性是指商品能被空氣、水蒸氣（水）或其他物質微粒透過的性質。透氣、透水性是兩種最主要的滲透性形式。透氣性是指在一定真空條件下，單位面積的商品一定時間內透過的空氣量，是一些商品的重要物理量之一，如皮革制品和紡織品若透氣性差則穿着時會感到悶熱不舒服。透水性是指在一定時間內商品的一面與水接觸時被水透過的程度。透水性的大小用一定時間內單位面積所透過水的毫升數來衡量，是雨衣、雨靴、傘布等類商品的重要質量指標。

5. 熱學性質

商品的熱學性質可表現爲導熱性和耐熱性兩種。導熱性是指商品能將一側表面的熱量傳遞到另一側表面的性質，導熱性的大小用導熱系數表示。商品的導熱系數小，則商品的導熱性差。導熱性差的商品是很好的保溫隔熱材料，如各種防寒的衣着用品及保溫瓶等商品。一般而言，晶體結構的商品導熱性好，非晶體結構的商品導熱性差。

耐熱性是指商品在高溫或較高溫度下，或在溫度發生劇烈變化的條件下，抵抗變形、破損，並能保持其正常使用所需的物理性質的能力，也稱商品的熱穩定性。商品的耐熱性受商品的熱膨脹系數制約，熱膨脹系數小的商品耐熱性好；相反，則耐熱性差。凡在使用過程中經受高溫或較高溫，或經常遭受劇烈溫度變化影響的商品，均要求具有良好的耐熱性。如玻璃制品、搪瓷制品、塑料制品、橡膠制品及高速工具鋼和耐熱鋼等。

6. 導電性

商品的導電性，是指商品在電流的作用下表現出來的性質。有的商品，電流可在其中輕易通過，這種物體稱爲導體，如各種金屬材料，其中導電性最好的是銀。有的商品，電流在其中則不易通過，電流極不易在其中通過的物體稱絕緣體，如木材、玻璃、陶瓷、橡膠和塑料等就是優良的絕緣體。有的商品其導電性介於以上二者之間，稱爲半導體。半導體是電子工業的重要原材料。

7. 光學性質

光學性質是指商品受光線照射時所表現出來的性質，表現爲讓光線透過、吸收及反射三種現象。有的商品可同時產生這三種現象，有的則只能產生其中一種或兩種現象。不同的商品對光線透過、吸收和反射的能力不同。例如無色透明的商品，因其能將七種色光幾乎全部透過，所以爲無色，不透明商品的顏色是它所反射的色光的混合色。商品將全部色光都反射出來，則商品呈白色；如將全部色光吸收，則呈黑色。

液體商品和某些溶液具有折光性或旋光性，這是判斷這些商品種類、純度、濃度以及品質高低的重要指標。如植物油脂、鬆節油、石英晶體、糖漿、樟腦、尼古丁等商品。

商品抵抗光照射的能力，稱爲商品的耐光性。不同的商品，耐光性的高低不同，比如，陶瓷制品的耐光性非常好，膠卷的耐光性最差，羊毛比蠶絲的耐光性好，腈綸纖維比丙綸纖維的耐光性好。

8. 機械性質

機械性質是指商品受到外力作用時所表現出來的性質，即抵抗其破壞或改變商品性質的各種外力的能力，是商品耐用性的重要指標。

（1）彈性和塑性。

彈性和塑性是指商品在受到外力作用時發生的形態變化的性質，是反應商品適應和耐用的重要性質之一。這種形態變化分爲可復原和不可復原兩種類型。可復原的形變叫彈性形變，能產生彈性形變的物體叫彈性體。不可復原的形變叫塑性形變，能產生塑性形變的物體叫塑性體。物體承受外力的作用是有一定限度的，在這個限度內，物體能恢復原狀，超過則物體不能復原，這個限度叫彈性限度。彈性、塑性與商品的成分結構有關，同時隨外界條件（外力、溫度、壓力、時間）的變化而不同。例如，鋁、皮革、塑料、橡膠等製品，受到外力的長期擠壓，就會喪失彈性；鋼材在常溫常壓下具有彈性，而在高溫下則是良好的塑性體。瞭解商品的彈性和塑性有利於幫助人們正確運輸、儲存和使用商品。

（2）韌性和脆性。

商品的韌性是指商品抵抗變化彎曲外力作用的能力。韌性差的商品受交替變化彎曲外力作用時會發生破裂。比如，紡織品、皮革製品一般都要求韌性特別好。商品的脆性是指商品抵抗衝擊性外力作用的能力。脆性大的商品受衝擊性外力作用時易發生破碎。如硬塑料製品、玻璃製品、搪瓷製品和陶瓷製品等的脆性一般都比較大，此類商品如包裝不良、裝運不小心，則容易引起商品破碎。

（3）強度與硬度。

商品的強度指商品抵抗外力作用保持其體態完整的能力。商品體受外力作用時會發生變形，同時商品體內部會產生抵抗形變的內力，其大小與外力相等，方向與外力相反。外力增大，商品體的變形、內力和應力也會增大，當外力超過極限時，應力不能相應地超過商品體所能產生的最大應力值，商品則被破壞。

商品的強度，在很大程度上取決於商品的成分、結構以及外力的性質。不同組成成分的商品，具有不同的強度。組成成分相同而結構不同的商品，其強度不同。商品的成分、結構相同，而外力不同時，其強度也不同。能比較普遍反應各類商品強度的指標有以下幾種：①抗拉與抗壓強度，指商品抵抗拉伸或壓縮的能力，當其應力超過商品強度極限時，商品即發生斷裂或壓縮破碎的現象。②抗彎曲強度，指商品抵抗使其產生彎曲變形外力作用的能力，當彎曲強度達到一定的程度，商品則產生斷裂。③抗剪強度，指商品抵抗兩個大小相等、方向相反、作用線相距很近的系統作用力的能力。④抗磨強度，指商品在使用過程中抵抗因摩擦受損的能力，它是許多商品，如紡織品、橡膠製品、各種皮革製品等商品的重要品質指標。

商品的硬度指商品抵抗較硬物體對它穿透或壓入的能力，在使用過程中凡需承受壓力的工業品均要求具有與其在使用中承受壓力相適應的硬度。

二、商品的化學性質

商品的化學性質是指商品在流通和使用過程中，在光線、空氣、水、熱、氧、酸、鹼、鹽等各種外界因素作用下，其成分發生化合、分解、氧化、還原、聚合等化學反應時所表現出來的性質。商品在流通和使用過程中常受這些外界因素的影響，如果其化學性質不穩定，商品就易發生變質現象，從而降低商品品質，甚至使商品完全失去使用價值。這是商品在儲存過程中必須注意的重要問題。商品的化學變化形式主要有氧化、分解、聚合等。

1. 氧化

商品的氧化是指商品與空氣中的氧或其他放出氧的物質接觸，發生與氧結合的化學變化。商品具有的抵抗氧化的能力叫耐氧化性。商品發生氧化，不僅會降低商品的質量，有的還會在氧化過程中產生熱量，發生燃燒或爆炸。常見的易氧化商品有某些化工原料、纖維制品、橡膠制品、油脂類商品等。

纖維制品的氧化主要會導致其變色和強度、塑性等性能的降低。例如，棉麻及絲等織品，如長期與日光接觸，則會發生變色現象，這是織品的纖維被氧化的結果；動植物性油脂氧化後會產生辛辣味，嚴重時會喪失食用價值。

2. 分解

分解是指某些化學性質不穩定的商品，在光、熱、酸、鹼及水的作用下，引起組織結構的分裂，生產兩種或兩種以上新物質的變化。商品發生分解後，不僅數量減少，而且質量降低。如碳酸氫銨發生分解而放出氨氣，失去肥效；漂白粉分解失去漂白能力。在水的連續或間歇作用下，有些物品會發生水解現象，商品抵抗水解的能力稱為商品的耐水性。酸鹼等對物品有腐蝕作用，會引起商品變形、結構破壞等，商品抵抗酸鹼腐蝕的能力叫商品的耐腐蝕性。還有些商品在分解的過程中產生毒素，會破壞有機體的生理功能。

3. 聚合

聚合是指某些商品在一定的外界條件影響下，分子間產生新的化學鍵，使同種分子互相加成而結合成一種更大分子的現象。商品發生聚合反應稱爲聚合體，會使商品發生變性，從而失去其使用價值。桐油表面產生結塊現象也是聚合反應的結果。產生聚合反應的單體、溶劑、催化劑等大多是易燃易爆物質，使用或儲存不當，易引發火災和爆炸。

4. 老化

老化是指含有高分子有機物成分的商品，如橡膠、塑料制品及合成纖維織品等，受日光、氧、熱等因素的作用，物理、機械、化學性質逐漸發生變化，出現發粘、變硬、變軟或龜裂、發脆等現象。如橡膠分子在氧的作用下會受到破壞，使橡膠制品發硬、變脆，韌性和彈性減弱，進一步則會出現龜裂，物理機械性能降低。塑料制品的老化是由合成樹脂的分子結構發生變化造成的。合成纖維織品老化會發生變色，強度降低，甚至脆化、變質。

5. 風化

風化是指含有結晶水的商品，在較高溫度或干燥空氣中，逐漸失去結晶水而使晶體崩裂，變成非結晶狀態的無水物質的現象。商品風化的結果，不僅會使商品數量減少，其質量也會大大降低。常見的易風化的商品主要有元明粉、硼砂、硫酸鋅、硫酸銅、生石膏，以及硫酸亞鐵、硫酸鎳、硫代硫酸鈉、次亞硫酸鈉、乙醛、氯化亞錫等。

三、商品的生物學性質

1. 呼吸

呼吸是指有機體在生命活動過程中，由於氧和酶的作用，體內的有機物質被分解，並產生熱量和維持其本身的生命活動現象。呼吸是一切有機體最普遍的生理現象，呼吸停止就意味着有機體生命力的喪失。呼吸可分爲有氧呼吸和無氧呼吸兩種。

有氧呼吸是指有機體吸入空氣中的氧，並與體內的葡萄糖等有機物發生氧化反應，釋放出二氧化碳、水和熱量的過程。有氧呼吸是維持細胞正常生命活動的必要條件，但隨著有氧呼吸的進行，糖和酸等營養物質不斷被消耗，使長期儲藏的菜果等商品滋味變淡，甚至引起商品霉爛變質。無氧呼吸是指有機體在無氧或缺氧的情況下，在酵解酶的催化作用下，利用呼吸基質中的氧，將葡萄糖氧化分解生產乙醇和二氧化碳等物質，並釋放出熱量的變化。無氧呼吸對菜果的危害很大，它不僅能更快地消耗營養物質，降低食品風味，而且會生成有害的產物，如乙醇、乙醛、甘油醛等不斷積累，使細胞中毒從而引起生理病害。

2. 發芽

發芽是指有機體在適應條件下，打破休眠狀態，向植物生長期過渡時發生的一種變化。糧食、果蔬等有機體，在保管過程中，若水分、氧氣、溫度等條件適宜，就可能發芽，其結果會使糧食、果蔬的營養物質在酶的作用下，轉化為可溶性物質，供給有機體本身的需要，從而降低有機體商品的數量。如小麥發芽會降低其膨脹性能；各種糧食發芽還會降低加工品成品率和食用價值；馬鈴薯發芽會產生有毒物質。同時，在發芽過程中，通常伴隨發熱生霉，不僅增加損耗，而且降低質量，其中種子用糧還會喪失播種價值。因此，在儲藏保管這些商品的過程中，必須控制適當的水分，加強溫濕度管理，保持低溫、乾燥、嚴防雨淋、受潮等。

3. 霉變

霉變是指有機體在霉菌微生物作用下所發生的變質現象。霉是一種低等植物，無葉綠素，主要靠孢子進行無性繁殖。商品在生產、儲運過程中，它們落在商品表面，一旦外界溫度、濕度適合其生長，商品上又有它們生長需要的營養物質，就會出菌絲。它們伏在商品表面或深入商品內部，吸取營養物質，排泄代謝產物，出現"長毛"或有霉味的變質現象。

4. 後熟

後熟是指瓜果、蔬菜等類食品脫離母體後繼續成熟的現象。後熟過程中，食品中的酶會發生一系列生理性的變化，如澱粉水解、果膠水解、有機酸含量減少、揮發芳香油等，從而改進有機體的色、香、味，如香蕉、柿子、蘋果等。當後熟完成後，食品則容易發生腐爛變質，難以繼續儲藏，甚至喪失食用價值。

案例學習

阜陽"怪病"調查：劣質奶粉怎成"嬰兒殺手"

3月21日，阜陽市人民醫院小兒科住院部病房里。小李出生時重4.25千克，是個健健康康的胖小子。而6個月後的現在，體重比剛生下來時還要輕許多，嘴唇青紫、頭臉腫大、四肢細短，比例明顯失調，成為畸形的"大頭娃娃"。

兒科醫生趙永告訴記者，這是重度營養不良造成的浮腫。他剛進院時，全身腫得捏起來都感覺硬硬的，現在頭、臉的水腫還沒有消，軀幹浮腫已好轉，所以顯得頭大身子小。

據阜陽市人民醫院郭玉淮大夫介紹，一年多來，僅他們醫院就收治了 60 多個"頭大怪病"的娃娃，有時候一來就好幾個，而且年齡基本在 6 個月以下，來自農村。因爲嚴重缺乏營養，這些嬰兒多已停止生長，有的甚至越長越輕、越小。前些天一位嬰兒全身浮腫得特別厲害，積水似要從皮膚向外滲透，後醫治無效，不幸身亡。

令人震驚、憤慨的是，摧毀、扼殺這些幼小生命的"元凶"，正是蛋白質等營養指標嚴重低於國家標準的劣質嬰兒奶粉。

據阜陽市疾病預防控制中心食品監督科齊勇介紹，自去年以來，共有 13 位患嬰家長送檢了佳濃、健康、金寶寶等 13 個品牌的嬰兒奶粉，經檢測全部是不合格產品。按國家衛生標準，嬰兒一級奶粉蛋白質含量應不低於 18%，二級、三級爲 12%～18%，而這些奶粉蛋白質含量大多數只有 2%～3%，低的甚至只有 0.37%～0.45%，鈣、磷、鋅、鐵等含量也普遍不合格。齊勇說："像這樣的奶粉基本是沒有營養可言了，比米湯還要差，嬰兒吃了哪能不出事！"

李看血清中總蛋白質含量只有常人的一半。其父母把李看吃的奶粉送到衛生防疫部門檢測，發現這種奶粉蛋白質含量僅爲國家標準的 1/6。"以前孩子沒有母乳吃，喝米糊、米湯也沒出現這麼嚴重的營養不良！"郭玉淮、趙永和兒科副主任醫師葉玉蘭等介紹。劣質奶粉不僅蛋白質含量奇低，有些產品的細菌、鐵元素還超標，長期食用不僅會導致嬰兒營養不良，甚至會使嬰兒的心臟、肝、腎等器官功能受損，免疫力下降，很容易產生並發症、綜合徵，如果發現、搶救不及時，會因臟器功能衰竭而死亡。

阜陽市婦幼保健院小兒科醫生周薇告訴記者，這些來自農村的嬰兒們吃的都是金童貝貝、飛鹿、慶豐源等沒聽過的品牌的奶粉，這些奶粉幾乎沒有正常奶粉的奶香味，只有濃濃的葡萄糖味，用手捏起來感覺也不大一樣。"我們分析這些劣質奶粉不僅蛋白質含量太低，有的還含有亞硝酸鹽之類的雜質，因爲有些患兒的嘴唇青紫，就是中毒的表徵。"

患嬰年齡絕大多數在 6 個月以下，而這一階段是他們一生中發育最迅速、最關鍵的階段。醫生們指出，重度營養不良恢復起來非常慢，而且即使後期營養跟上了，也可能產生後遺症，因爲大腦和內臟發育已經受損，會影響嬰兒將來的智力、體格和體質，特別是免疫力。

安徽阜陽"毒奶粉"事件發生後，有關專家向消費者介紹了以下 4 種識別奶粉真假的方法：

(1) 聽聲。用手捏住奶粉包裝袋摩擦，真奶粉質細，發出"吱吱"聲。假奶粉伴有糖，顆粒粗，發出"沙沙"聲。

(2) 觀色。真奶粉呈天然乳白色；假奶粉色較白，細看呈結晶狀，或呈漂白色。

(3) 聞味。打開包裝袋，真奶粉有牛奶特有乳香味；假奶粉乳香甚微或沒有乳香味。

(4) 品嘗。將少許奶粉放入口中，真奶粉細膩發粘，溶解慢，無糖的香味；假奶粉入口溶解快，不粘，有不純正的香味。

思考題：

1. 商品成分與性質對商品的使用價值有何影響？
2. 舉例說明固體工業品商品的基本組成成分是什麼。
3. 什麼是商品的機械性質？可用的指標有哪些？
4. 商品的化學性質和生物學性質有哪些？

第三章　商品質量與質量管理

學習目標：

1. 正確理解商品質量和質量管理的概念。
2. 知曉商品質量的基本要求。
3. 正確分析影響商品質量的因素。
4. 掌握全面質量管理的基本方法。

第一節　商品質量概述

一、質量概念及其演變

1. 質量的概念

人們對質量的認識源於質量的實踐活動，並且隨著人類生產、科技、文化和其他活動的不斷進步而逐漸深化。由於人們從不同的實踐角度來觀察和體驗質量的本質及其內涵，這就使得國内外專家關於質量的定義視角各異，說法紛呈，大致上可以歸納爲以下幾種代表類型：

(1) 質量是"符合規範或要求"。

美國著名質量管理專家克勞斯比認爲，質量意味着對於規範或要求的符合。談論質量只有相對於特定的規範或要求才是有意義的，合乎規範或要求就意味着具有質量，反之不合格就意味着缺乏質量。這種符合質量的概念，通常以"符合"現行標準或技術要求的程度作爲衡量依據。它很實用，也很有市場，但其局限性也非常明顯。因爲作爲規範的標準或技術要求有先進和落後之別，並且現行標準或技術要求也很難正確反應客户的全部需求，尤其是潛在的和變化的需求。在這種傳統的"靜態"的質量觀念指導下，一旦質量符合規範或要求，就可能停止任何改進質量的努力。

(2) 質量是"適用性"。

世界著名質量管理專家朱蘭從用户的角度出發，提出了"質量即適用性"的著名觀點。他指出："所謂適用性是指產品在使用期間能夠滿足用户的需要。"他認爲，適用性普遍適用於一切產品或服務，是由用户所要求的產品或服務特性所決定的，適用性的評價是由用户所做出的，而不是由產品制造商或者服務提供商做出的。朱蘭的質量定義體現了質量最終決定於產品或服務的消費過程以及用户的使用感受、期望和利益的本質，成爲用戶型質量觀的一種代表性理論，得到了世界的普遍認可。

（3）質量是"社會成本總損失最小"。

日本著名質量管理專家田口玄一認爲，質量是指產品上市後給社會帶來的總損失最小，其中功能本身所產生的損失除外。他將"總損失"定義爲產品上市後所產生的"功能波動損失""弊害項目損失"以及"使用成本"這三部分損失之和。例如，洗衣機在使用時出現的轉速不穩屬於"功能波動損失"，而洗衣機在使用時出現的振動和噪聲大則屬於"弊害項目損失"，洗衣機使用時的水、電和洗滌劑的耗費以及維修費用等應歸入"使用成本"。田口玄一的質量定義仍然屬於用戶型質量觀的理論描述，但從逆向的損失角度來描述質量概念無疑是一種創新，他爲質量的量化提供了方便。

（4）質量是"滿足顧客期望的各種特性的綜合體"。

世界著名質量管理專家費根堡姆在其《全面質量控制》著作中提出，產品或服務質量可以定義爲：產品或服務在行銷、設計、製造、維修中各種特性的綜合體，借助於這一綜合體，產品和服務在使用中就能滿足顧客的期望。衡量質量的主要目的就在於，確定和評價產品或服務接近於這一綜合體的程度或水平。雖然也使用其他的術語，例如可靠性、可維修性等來定義產品質量，但顯然這些術語只是構成產品或服務質量的個別特性。在確定某一產品的"質量"要求時，需要權衡各種個別質量特性的得失。例如，某一種產品在其預期壽命週期中，以及在預定使用環境與條件下必須隨時執行指定的功能，其質量要求當然是高的可靠性、足夠的售後服務能力和可維修性。同時也要滿足顧客的外觀性要求，所以產品又必須具有足夠的吸引力。當綜合平衡了所有這些特性之後，"恰到好處"的質量也就成爲綜合體。根據費根堡姆對質量的定義，質量是由顧客來判斷的、顧客根據其對某種產品或某項服務的實際經驗同他的需要進行對比而做出判斷。

2. 質量概念的演變

質量的內涵十分豐富，隨著社會經濟和科學技術的發展，質量的內涵一直在不斷充實、完善和深化。同樣，人們對質量概念的認識也經歷了一個不斷發展和深化的過程。

20世紀40年代，質量的概念主要是指質量的符合性，即符合設計圖樣規定，符合技術標準。爲此必須建立專職的檢驗機構，由檢驗人員按照產品質量標準，對產品生產過程的符合性進行檢驗。符合標準就是合格，就是高質量，否則就是不合格，從而拒收。因此可以說，"質量是檢驗出來的"。

質量概念的第一次擴展是在20世紀60年代。隨著市場競爭日益激烈，質量的概念也有所變化，符合標準不一定就是高質量，只有適應市場需求才是高質量。質量從單純的標準符合性發展到考慮顧客需求的"適用性"。這表明，質量概念從技術領域擴展到經濟領域，質量開始與市場和顧客需求相聯繫。

質量概念的第二次擴展是指從單純的產品質量擴展到包括過程（市場調研、開發、設計、採購、生產、儲運、售後服務）在內的"工作質量""過程質量"。質量概念從產品深入到了形成產品和產品流通的過程，從單純滿足顧客需求到同時滿足顧客和相關方需求的廣義質量。質量概念的這次飛躍，引發了全世界範圍內經久不衰的全面質量管理活動。

隨著全面質量管理的深入，質量概念從產品質量、工作質量擴展到服務質量，服務的範圍除了與工業、商業有關的採購、儲存、行銷、包裝、運輸、安裝、維修和技術服務外，還進一步擴展到接待服務、公用事業、交通、通信、金融、保險、醫療、教育、科學等廣泛的社會服務領域。至此，質量從工商業擴展到了整個社會經濟領域。

在工業組織和其他組織內，質量概念從單純重視產品質量，發展到註重產品質量和生產、流通過程質量相結合、產品質量與服務質量相結合。人們逐漸形成了質量取決於人員、資源、技術、過程、產品等各項質量要素的大質量整體觀念。

隨著全球環境狀況的惡化和人類對環境問題的日益關註，質量概念又突破了原來只與生產者和消費者相關的局限，建立了包括相關方影響的新概念。例如，汽車的質量包括噪聲、尾氣等對行人的影響，汽車生產過程中的噴漆、鈑金等工藝對環境的影響。因此，與汽車有關的質量指標中不僅包括汽車噪聲、尾氣排放等指標，還包括生產過程中各項清潔工藝指標。質量概念的這種發展，使質量進一步與社會經濟的可持續發展聯繫在一起。

質量概念的產生和演變，取決於技術、經濟和社會的發展程度。隨著社會的發展進步、科學技術的日新月異、經濟貿易的迅速擴展、法制管理的日益完善、公眾文化素質的不斷提高，人們對質量的認識也將進一步豐富、完善和深化。

二、商品質量的概念

1. 質量的標準定義

GB/T19000-2008/ISO9000：2005《質量管理體系·基礎和術語》將質量定義為："一組固有特性滿足要求的程度。"為了準確地理解該"質量"的標準定義，必須明確以下幾個關鍵點：

（1）關於"載體"。

定義並未明確指出質量的載體，這使得質量定義具有了廣泛的適應性和包容性。其載體不僅可以是廣義的"產品"，即有形的實體產品、無形的虛擬產品以及服務產品；也可以是產品形成的"過程"，即將輸入轉化為輸出的一組活動；還可以是"體系"，即一組相互作用的要素；以及這三者的組合。

（2）關於"固有特性"。

首先，"特性"通常指"可區分的特性"，如商品的機械的、化學的或生物學的特性，商品的功能特性、時間特性、感官特性等。其次，"特性"可以是固有的，也可以是賦予的；可以是定性的，也可以是定量的。"固有特性"是指商品本來就有的，尤其是那種永久的特性，例如產品的機械特性、化學特性，大多是可測量的，而不是"賦予特性"。賦予特性是指產品制成後因不同的要求或需要而人為增加的特性，如產品的價格、產品的分類代碼、產品的供貨時間和運輸要求、售後服務等特性。

（3）關於"要求"。

"要求"包含明示的、通常隱含的或必須履行的需求或期望。其中，"明示的"指已經明確提出的要求，如在文件中闡明的要求或顧客明確提出的要求。"通常隱含的"

是指組織、顧客和其他相關方的慣例或一般做法，所考慮的要求或期望是不言而喻的，習慣上應該這樣做的。"必須履行的"指法律、法規或強制性標準要求的。要求可由不同的相關方提出，不同相關方對同一產品的要求可能不同。例如，對於汽車來說，顧客要求安全、美觀、舒適、省油，但社會要求不污染環境。由此，組織在確定產品要求時，應兼顧顧客及相關方的要求。

（4）關於"相關方"。

"相關方"是針對"組織"而言的。所謂"組織"是指公有的或私有的公司、集團、商行、企事業單位、研究機構、慈善機構、代理商、社團或這些組織的部分或組合。通常提及的"顧客"是指接受產品或服務的組織或個人，如消費者、委託人、最終使用者、零售商、受益者和採購方等。"相關方"是指與組織的業績或成就有利益關係的個人或團體，如顧客、所有者、員工、供方、銀行、合作夥伴或社會。

由上述質量的標準定義及其闡釋可知：質量是由其載體的一組固有特性組成，並且這些固有特性能夠不同程度地滿足顧客及其他相關方要求。隨著科技進步和社會經濟發展，質量的載體內涵和特性內涵都會隨著顧客及其他相關方要求的改變而發展變化，如質量的載體從"產品"擴展到了"產品、過程、體系"，固有特性增加了環保性，相關方增加了社會相關方等，因而質量的概念不是靜態的，而是動態的，具有廣義性、時效性和相對性。

質量的廣義性表現為：組織的相關方對組織的產品、過程或體系都可能提出要求，而產品、過程和體系又都具有固有特性。因此，質量不僅是指產品質量，也可指過程和體系的質量。其中，產品包括了所有有形和無形的產品及服務；過程不僅指生產制造過程，也指其他支持性過程及銷售過程等。

質量的時效性表現為：組織的顧客和其他相關方對組織的產品、過程和體系的需求和期望是不斷變化的，例如，原先被顧客認為質量好的產品會因為顧客要求的提高而不再受到顧客的歡迎，因此組織應不斷調整對質量的要求。

質量的相對性表現為：組織的顧客和其他相關方可能對同一產品（或過程或體系）的功能提出不同的需求，也可能對同一產品（或過程或體系）的同一功能提出不同的需求，需求不同，質量要求也就不同，只有滿足要求的產品（或過程或體系）才會被認為是質量好的產品（或過程或體系）。

2. 商品質量的定義

商品質量是商品學研究商品使用價值的核心內容，是商品學研究的中心問題。商品質量的優劣關係到商品使用價值的高低，是企業生存、發展的關鍵問題，從長遠看，它關係到企業和國家的命運。

狹義的商品質量通常限定在一個特定的範圍或領域內，在一定的條件下，滿足一定的需要，片面強調某一方面的各種特性。在生產領域，從生產者的角度理解商品的質量，是工序、工藝和產品性能的綜合鑒別，偏重於自然屬性和技術特性，是設計質量、工藝質量、工序質量和工作質量的綜合。在流通領域，商品質量偏重於社會屬性，從統計質量管理角度，以滿足消費需求為度量，即以商品能否售出為標準。在消費領域，消費者理解的商品質量通常由購買時的商品性能和使用過程中的商品性能構成，如好用性、耐用性、可靠性、安全性、綠色性等。

　　在學術界較典型的狹義商品質量觀有兩種：第一種是商品質量的自然屬性觀。該觀點認爲，商品質量是評價商品使用價值優劣程度的各種自然屬性的綜合，用自然屬性的商品質量來衡量商品使用價值的大小。商品是否符合預先提出的使用目的、要求的總性能，通常用商品質量表達。第二種是商品質量的社會屬性觀點。這種觀點認爲質量是指特定的商品，在特定的時間、特定的市場，以社會的觀點全面評價的結果作爲基礎，表現爲平均使用價值的客觀形態。這種觀點滲透了商品銷售學的觀點，帶有全面質量管理的質量概念色彩，偏重於商品質量的社會屬性。

　　廣義的商品質量從不同的角度有不同的解釋，隨著我國商品學界對商品質量概念認識的深化和發展，目前看法已基本趨於統一，即根據國際通用慣例，採用 ISO 給出的質量定義範疇，作爲商品學研究領域的廣義商品質量概念。前面已對 ISO 質量定義作了闡述。

　　廣義的商品質量概念反應了商品學的全面的質量觀念，它從商品學研究的特定對象的範疇、商品使用價值的全面屬性，即自然屬性和社會屬性的全面觀點出發，從各個不同角度全面地研究商品質量。由此，我們可以將全面的商品質量理解爲：在一定的條件下評價商品使用價值優劣程度的各種自然屬性和社會屬性，以及商品滿足明確需要和隱含需要能力的特性和特徵的總和，也是商品有形和無形質量、內在和外在質量的統一。

三、商品質量的特性

　　商品質量的特性是商品質量抽象概念的具體化，也是開展商品質量檢驗與評價的基礎，它將商品滿足顧客及相關方要求的能力轉化爲可描述或可度量的指標，使質量要求具有了可操作性。例如，顧客要求服裝穿著"舒適"，那麼如何評價某種服裝是否"舒適"？研究人員把"舒適"這一要求轉化爲服裝的熱傳遞性（保溫或散熱性）、透氣性（空氣傳遞性）、透水性（汗液、汗氣的透過性）三項質量特性，並通過這三項特性綜合檢驗、考核，總體評價服裝的舒適程度。

　　商品質量特性是指商品與要求有關的固有特性。商品的賦予特性不是商品的質量特性。由於顧客及其相關方的"要求"各種各樣，所以商品的質量特性也是多種多樣的。一般來說，商品不止有一種質量特性，常常有幾種、十幾種，甚至更多。每種質量特性對商品質量都有一定的貢獻，但其重要程度卻不同，而且因使用目的或用途不同而發生變化。我們在評價商品質量時要區分衆多質量特性的重要程度，從經濟上綜合平衡個別重要質量特性的得失，而沒有必要考慮全部的質量特性，否則會浪費大量人力、物力，使質量成本上升。具體而言就是依據用途等權衡輕重，選擇少數對商品質量起決定作用的質量特性，構成滿足消費者需求或期望的質量。

　　由於商品質量的要求不同，其質量特性也各不相同，將這些質量特性進行歸納總結，可概括爲以下八方面的基本特性：

1. 適用性

適用性也可稱爲功能性，是任何商品都必須具備的基本質量特性，是指商品爲滿足一定的用途（或使用目的）所必須具備的各種性能或功能。例如，對食品而言，它應具有一定的營養價值，以提供熱量、保持體溫、維持人體的正常代謝；對服裝而言，其適用性表現爲遮體御寒的基本功能；燈具則有照明的基本功能。可見，不同的商品其適用性是各不相同的，但即使是同一類商品，由於用途有別，其適用性也有差異。如，同樣爲玻璃，窗玻璃的功能要求防水性、透光性好，建築外牆玻璃要求堅硬且反光性強，化學玻璃要求耐酸、耐鹼等。此外，隨著科學技術的進步和生產力的發展，人們的消費需求也在改變，不僅要求商品有基本適用性功能，還要求一種商品具有多種功能。如，現代縫紉機，不僅能實現基本的縫制，還能鎖扣眼、鎖邊、綉花；家用沙發還兼有折疊椅、沙發床的功能等。這些都反應出商品適用性的新變化。

2. 安全衛生性

安全衛生性是指商品在生產、流通，尤其是使用過程中保證人身安全與健康以及環境不受污染、不造成公害的要求，也是評價商品質量的一個重要指標。例如，食品必須符合衛生要求，不含有毒物質；家用電器必須具有良好的絕緣性和防護裝置，以防觸電或爆炸；紡織品服裝應當適合人體穿着，且具有良好的阻燃性；化妝品等清潔用品要求對皮膚無害，對人體沒有潛在危害等。

商品的安全性除了要求保障商品使用者的安全衛生外，還包括對第三方的人身安全和健康不會造成危害，如空氣污染、噪聲污染、水源污染、廢棄物污染、輻射等。安全衛生性的社會性要求，正越來越受到人們的重視。

3. 可靠性

可靠性是指商品在規定時間和條件下，完成規定功能的能力，是與商品在使用過程中的穩定性和無故障聯繫在一起的質量特徵。不同的商品其可靠性的表現不同，如鐘表的可靠性表現爲走時的準確性和精度的穩定性；紡織品服裝的可靠性表現爲織品的耐磨性和色牢度；冰箱的可靠性表現爲持續制冷的效果；等等。

可靠性往往是評價機電類商品質量的重要指標，具體可細分爲耐用性、易維修性和設計的可靠性等方面。耐用性是指商品能在規定使用期限內保持規定功能而不出故障或壽命較長的質量特性，是評價高檔耐用商品的重要指標。易維修性是指商品在發生故障後能迅速被修好，恢復其功能的能力。設計的可靠性是指減少商品設計上的失誤，通過設計提高商品的易操作性，或降低後續使用中故障的概率，從而將損害控制在最低限度。

4. 壽命

壽命是任何商品都具有的基本特性，表明了商品的耐用或質量保持程度。商品不同，壽命的表示方法也有所不同。有些商品的壽命主要是指儲存壽命，即在規定條件下使用性能不失效的儲存總時間，例如食品的保質期、醫藥商品和化妝品的有效期等。大多數的工業品商品，其壽命是指使用壽命，即該商品在規定使用條件下保持正常使用性能的工作總時間，如電燈泡的連續照明時間、電池的連續放電時間等。使用壽命主要由其設計壽命或者說由其所採用的關鍵部件的壽命決定。彩色電視機的使用壽命一般為10~15年，是因為目前彩色顯像管只能達到這樣的使用期限；電冰箱的使用壽命一般為10年左右，也是由其關鍵部件壓縮機的壽命所決定的。

5. 環境友好性

環境友好性是指商品在生產、流通、消費和廢棄的整個生命週期內對自然環境和人體健康的危害盡可能最低，或者最大限度地節約資源或能源的能力。例如，產品在生產流通中要求廢物排放少、污染輕、能耗低，對職業人員安全無害，在消費時不損害使用者健康和生態環境並且節能，少排或不排放廢物，即使廢棄後也可回收循環利用或可拆卸，回收容易或容易降解清除等。隨著人們對環境安全的重視，該質量特性的重要程度也得到了提升，任何企業都應該將該指標納入質量評價體系中，這樣才能占得先機。

6. 審美性

審美性是指商品能夠滿足人們審美需要的屬性。如商品的形態、色澤、質地、結構、氣味、味道等。現代社會人們對商品質量的追求已轉向物質方面的實用價值與精神方面的審美價值的高度統一，商品的審美性已經成為提高商品市場競爭能力的重要手段之一。

商品的審美性包括外觀、表面及裝飾的美觀性（如平滑度、光澤、質感、色彩的和諧與流行、整體美等）、形態的表現力（如形態造型的創造性、風格的獨特性與新穎性、與流行式樣的相符性等）、結構組成的緊湊性（如結構組成的和諧性、完整性和科學性等）。此外，不同類型商品的審美性要求也有所不同，如：食品類商品強調良好的色、香、味、形；服裝商品強調花色、款式、風格的時代性與藝術性；日用工業品強調外觀、結構、造型和質地的審美。

7. 經濟性

經濟性是指商品的生產者、經營者、消費者都能用盡可能少的費用獲得較高的商品質量，從而使企業獲得最好的經濟效益和社會效益，消費者也會感到物美價廉。經濟性反應了商品壽命週期成本與質量最佳水平的匹配程度。它包括兩個方面的內容：一是在物美價廉基礎上的最適質量，二是產品價格與使用費用的最佳匹配。離開經濟性談質量沒有任何意義。

最適質量是指商品的質量性能與獲得該種性能所需費用的統一，即優質與低成本的統一。為此，既要反對使消費者利益蒙受損失的不足質量，又要反對使企業生產不經濟的過剩質量。消費者購買商品所支付的價格是其獲得商品使用權的一次性投資，而商品在使用的過程中所產生的費用是消費者的長期投資。如果價格合適，但使用成本過高，就會出現"買得起，用不起"的情況。因此，企業既要努力降低其生產與流通成本，也要想辦法降低消費者的後續使用成本，只有二者合理匹配的質量才是最佳質量。

8. 信息性

信息性是指消費者有權獲得商品有關信息，並能追蹤商品的原材料、零部件以及商品實體、商品的加工歷史、應用情況、分布和位置等信息。為此，商品生產者、經銷者有責任和義務通過其商品或包裝的規定標識、包裝內必備的有關文件，向消費者提供有用的質量信息。這些規定標識與文件有商品名稱、生產者的名稱和地址、商品的規格與型號、主要技術指標或所用原材料的成分名稱及其含量、運輸、儲存、安裝、使用與維護的方法和注意事項及安全警告、生產日期或有效期限、所執行的技術標準的編號、商品的質量等級、合格證明與認證標誌等。此外，對於耐用商品，尤其是電器產品來說，除必備的使用說明書外，還應有原理圖、線路圖、維修手冊以及保修單等。對於一些特殊的高檔的商品，其信息性還要求具有可追溯性，即通過信息能夠追蹤產品的生產與流通過程。

第二節　大類商品質量的基本要求

商品一般具有多種質量特性，它們對質量貢獻的重要程度存在差異，在評價大類商品質量時，也應當選用不同的質量特性，提出有區別的質量要求。根據商品的用途，可以把商品按吃、穿、用分為食品、紡織品、日用工業品三大類，並分別提出質量方面的基本要求。

一、食品類商品質量的基本要求

食品是人體生長發育和健康長壽所不可缺少的，對維持機體生命力和增強體質具有重要意義。食品質量的基本要求就是具有基本的營養價值、保證安全衛生和講究色香味形俱佳。

1. 具有基本的營養價值

食品的營養價值主要表現在供給人體熱量、形成細胞組織、調節人體各種生理代謝，因此食品的營養價值包括食品的營養成分、可消化率和發熱量三項指標。

（1）營養成分。

食品的營養成分主要有糖類、蛋白質、脂肪、礦物質、維生素和水分等，不同食品，營養成分不同，其營養功能也不一樣。其中，糖類、蛋白質、脂肪通常被稱為三大營養素，為人提供熱量，並構成人體的物質基礎，它們廣泛地存在於各種糧食、油脂和動植物之中。維生素、礦物質和水則對人體的生理代謝和維持正常的生理活動起主要作用。

（2）可消化率。

可消化率是指商品在被食用後，能被人體消化和吸收利用的程度。食品所含的營養素，除了水、無機鹽、某些維生素和單糖等能夠直接被人體吸收外，蛋白質、脂肪、多糖等必須在消化道內進行分解，將結構複雜的大分子物質變成結構簡單的小分子物質，才能被人體吸收利用。植物性食品中的粗纖維、不溶性果膠、木質素等物質，是人體不能消化也不能吸收的物質，但它們對腸壁有刺激作用，有利於食物的消化吸收。從可吸收利用程度來說，動物性食品的營養價值高於植物性食品，如動物蛋白質人體消化吸收率可高達90%以上，而植物蛋白質（大豆蛋白除外）人體消化吸收率只有67%左右。

（3）發熱量。

發熱量是指食品營養成分經人體消化吸收後，在人體內能夠產生的熱量。如三大營養素每克的發熱量分別是：碳水化合物 16 千焦耳，蛋白質 16~18 千焦耳，脂肪 38 千焦耳。一般來說，能量不足，則體重減少，能量過剩，則體重增加。所以人體需要攝取足夠但不過剩的熱量才能保證正常的體重，以維持身體健康。

2. 具有安全衛生性

食品的安全衛生性是指食品中不應含有或超過允許限量的有害物質和微生物，是食品類商品最基本的質量要求。食品中的有毒有害物質和微生物主要來源於兩個方面：一是有些天然食品本身就含有有害成分，如土豆發芽產生的龍葵素、草魚體內的魚膽毒素、扁豆含有的皂苷毒素等；二是食品在生產、加工及儲存過程中產生的毒素，如農藥化肥的施放、食品添加劑的過量使用、儲運過程中致病菌的污染等。大多數的天然毒素通過生鮮處理、晾曬、烹飪等方法可以被有效地去除。大量的食品安全衛生問題來自於生產加工和流通領域，在提高產量、節約成本和追求色香味形的過程中產生，有些甚至是惡意而爲。因此，加強食品安全衛生的管理是提高食品質量的基本要求。

3. 具有較好的色、香、味、形

將色、香、味、形納入食品質量的評價體現了現代的商品質量觀。食品天然具有一定的色、香、味、形，對人體的視覺、嗅覺、味覺形成刺激，能夠增進食慾，提高可消化率，進而形成條件反射，產生聯想。例如，當人們看到食品、聞到食品的香味，甚至僅僅是聽到食品的名稱，見到食品廣告，條件發射就開始發生作用，消化器官開始分泌消化液。由於食品的色、香、味、形通過人的感覺器官能夠被辨別，因而成爲評價食品質量的重要指標。尤其是現代社會，人們對食品的色、香、味、形都提出了更高的要求，在質量評價中的地位進一步上升。當然，也要避免對食品色、香、味、形的過度追求，不能以犧牲食品的安全衛生和營養喪失爲代價。

二、紡織品商品質量的基本要求

紡織品是人們日常穿着的生活必需品，並對生活起着美化裝飾作用，對紡織品的質量要求也是根據其用途來確定的。紡織品的主要用途是製作服飾，滿足人們穿戴的需求，因此，對紡織品質量的基本要求是服用性、耐用性、衛生安全性、工藝性和藝術性等。

1. 服用性

服用性是指紡織品商品適合穿着的各種性能，主要指適合穿着的各種自然屬性，如起毛起球性、縮水性、剛挺度、懸垂性和舒適性等。紡織品具體要求爲不宜起球，縮水率要小，否則會影響外觀，造成服裝變形，影響穿着甚至喪失使用價值。剛挺度是指紡織品抵抗彎曲變形的能力，它影響紡織品的手感、風格和服裝的挺括度。懸垂性是指從織品中心提起後，織品本身自然懸垂產生勻稱美觀褶皺的特性。懸垂性好的織品制成的服裝很貼體，並能產生美麗悅目的線條。舒適性是指人體着裝後，織品具有滿足人體要求並排除任何不適因素的性能。

2. 耐用性

耐用性是指紡織品在使用過程中抵抗各種外界因素對其破壞的性能，它直接影響到紡織品的使用壽命，是評價紡織品內在質量的重要特性。紡織品在使用過程中受到的外力很多，有拉伸、壓縮、彎曲、剪切、摩擦等作用形式，不同的紡織品抵抗外力的運動要求也不同。紡織品的耐用性就包括如抗拉伸斷裂性、抗撕裂特性、耐磨性等。

3. 衛生安全性

紡織品的衛生安全性是指織品保證人體健康和人身安全而應具備的性質。主要包括紡織品的衛生無害性、抗静電性、阻燃性等。衛生無害性不僅是要求紡織品纖維對人體無害，還要求紡織品在加工和染色過程中使用的染料、防縮劑、柔軟劑、增白劑等化學物質對人體無害。這些化學物質如殘留在織品表面，就可能對皮膚造成刺激。吸濕性差的滌綸、腈綸、氯綸、丙綸等合成纖維容易形成静電，降低静電的方法就是在紡織品中混入導電纖維或加入静電劑等。服裝的 pH 值應該與人體的皮膚相適應，過高或過低都會破壞皮膚的酸鹼平衡和抵抗能力，從而引起過敏或誘發感染，此外還要防止重金屬離子等透過皮膚影響人體健康。

4. 工藝性

工藝性是指紡織品採用各種加工工藝的性能。如在加工服裝的過程中，採用的紡織品是否便於剪裁、縫製和熨燙定型；加工的工藝技術是先進還是保留傳統技術等。這些既是消費者關心的問題，也是服裝加工者應該重視的問題。紡織品的用途不同，其匹長和幅寬的規定有所不同，剪裁方法也不同。紡織品的厚度、柔軟性、摩擦性和覆蓋系數決定了縫紉的方法。紡織品的熨燙定型與服用性密切相關，一般要求熨燙方便、定型穩定。

5. 藝術性

藝術性是指紡織品所呈現出的外觀風格、色澤、花紋、圖案等。隨著人們生活和文化水平的提高，大衆對紡織品商品質量特別是外觀藝術性越來越重視，要求越來越高，所以藝術性也成爲紡織品質量要求的基本內容之一。紡織品藝術性的要求是多方面的，既有紡織品的外觀風格，又有紡織品的色澤、花紋和圖案等。紡織品外觀風格不同，基本要求也不同，如天然棉質風格要求紗支均勻，棉結雜質小且少，布面均勻細膩；絲質風格要求細緻光潔，手感柔軟滑爽，富有彈性。在色澤、花紋和圖案方面，要求色彩鮮艷，光澤柔和，花型大方，具有時尚性和協調性。

三、日用工業品類商品質量的基本要求

日用工業品包括多種商品，如塑料制品、橡膠制品、玻璃制品、洗滌制品、化妝品等，這些商品不僅能滿足人們某種使用上的需要，而且還起著美化生活的作用。其基本要求是適用性能好、堅固耐用、安全衛生、結構合理、外觀完好。

1. 適用性

適用性是指日用工業品滿足其主要用途所必須具備的性能，是構成工業品商品使用價值的基本條件，也是評定工業品商品質量的重要指標。如鐘表要求走時準確、保溫瓶要求具備保溫功能、洗衣粉能有效去污等。不同用途的日用工業品，即使是同一

類商品，其適應性要求也是不一樣的，如運動鞋要求具備較好的防震性和透氣性、棉鞋要求具備良好的保暖性、膠鞋要求能防水、皮鞋要求美觀等。

2. 耐用性

耐用性是指日用工業品商品在流通和使用過程中能夠抵抗各種外界因素對其破壞的性能。它反應了商品的使用壽命，說明了商品的耐用程度，是評價絕大多數日用工業品商品質量的重要依據。例如，燈泡能發光的小時數，汽車能行駛的最大公里數；皮革、橡膠常用強度和耐磨性來評價其耐用性，電器商品往往用壽命的可靠性、可修復性來反應其耐用性；對於洗滌劑、化妝品等消耗性商品則採用使用效能評價其耐用性。當然，對不同的商品和不同的消費水平而言，耐用性有一定的彈性，如一次性消費的方便筷、方便紙杯等，只要達到物盡其用即可，否則反而會造成原材料的浪費。

3. 安全衛生性

安全衛生性指日用工業品在流通、使用過程中必須保障經營者和消費者安全的性能，也是評價日用工業品商品質量的一項基本指標。例如，電器商品應具有防觸電、防火災、防人身損害的安全措施，飲食器皿、玩具等應無毒無害，洗滌品、化妝品應對人體皮膚無刺激等。現代的安全衛生性還包括不污染環境的低公害性。低公害性是指商品在流通、消費、廢棄回收的過程中，不造成允許限度以上的環境惡化和污染。不符合低公害要求的商品，無論其使用價值多大，也要限制其使用，甚至逐步退出市場，如管制刀具、高分貝喇叭等。

4. 結構和外觀良好

首先，日用工業品必須具備合理的結構。結構合理是指日用工業品的形狀、大小、部件及其裝配科學合理。如汽車零部件的搭配與組合影響到汽車行駛的安全性，皮鞋後跟的高低、形狀應符合人體工程學原理等。其次，日用工業品還應具備良好的外觀性，符合人們審美情趣的要求，對於美化和豐富人們的物質生活和精神生活具有特殊意義。一方面商品的外觀應該無疵點、無缺陷；另一方面商品表面的造型、式樣、花紋、色彩等的設計應當具有外觀的藝術性。如燈具，就其照明和美化環境兩種質量要求來說，後者是燈具非常重要的質量訴求。實際生活中有些商品正是由於外觀設計不佳，即使其適用性和耐用性很好，也會造成商品滯銷和積壓。

第三節　影響商品質量的因素

一、人的因素

人的因素是影響商品質量的眾多因素中最基本的、最重要的因素，其他因素都要通過人的因素才能起作用。人的因素包括人的質量意識、責任感、事業心、文化修養、質量管理水平和技術水平等。其中人的質量意識、質量管理水平和技術水平對商品質量的影響更為重要。

1. 質量意識是決定商品質量的關鍵因素

質量意識既是商品質量、服務質量和工作質量等在人們頭腦中的反應，又是人的思想意識和專業素質的具體體現。人的任何自覺的行動都是在一定的思想意識支配下進行的，沒有思想意識的支配就不會有任何自覺的行動。當前，我國眾多的商品質量問題都源於產品質量意識薄弱，所謂的管理不善、技術設備落後、質量監控不力、質量法規不健全等都是由人的質量意識薄弱派生出來的。質量意識薄弱又源於多方面的影響，既有歷史原因，也有現實原因；既有主觀原因，也有客觀原因。改變人們的質量意識和觀念具有長期性和複雜性。

2. 質量管理和技術水平是前提

質量意識要外化為人的質量管理水平和技術水平，它們是保證和提高商品質量的必要前提，否則即使有新材料、新設備、新技術等，也仍然生產不出優質的產品。質量管理和技術水平的提高來源於反覆和經常性的質量教育和培訓。質量教育和培訓的對象不僅僅是直接的質量管理和技術人員，而應當是全員性的教育和培訓，把對領導幹部的重點教育、技術和管理人員的系統教育以及工人的普及教育有機地結合起來。

二、生產過程中影響商品質量的因素

來自農、林、牧、漁等產業的天然商品，其質量取決於品種的選擇、栽培或飼養方法、生長的自然環境和收穫季節及方法等因素。對於工業商品來說，生產過程中的市場調研、開發設計、原料質量、生產工藝和設備、質量控制、成品檢驗及包裝等環節都會影響其質量。

1. 市場調研

市場調研是商品開發的基礎，在開發、設計商品之前，首先要充分研究商品消費需求，因為滿足消費需求是商品質量的出發點和歸宿；其次，還要研究影響消費者需求的因素，以使產品或服務的設計具有前瞻性；最後必須收集、分析與比較國內外同行業不同製造商或服務供應商的質量信息、品種信息，總結以往的成功或失敗的經驗教訓，通過市場預測以確定何種質量與規格的產品或服務才能適應目標市場的需要。

比如人們對食品消費的需求從過去的吃飽，發展到吃好，再發展到吃得衛生營養，反應了食品消費需求的質量變化；人們對服裝的消費需求從過去的穿暖，發展到現在的穿好，穿出時尚和個性，也反應了服裝消費需求的質量變化。在影響商品消費需求的因素中，決定性因素是人們的收入水平和質量消費意識，再加上信息的暢通，人們能更加方便科學地鑒別和區分商品的質量，這就迫使商品生產者和經營者必須提前瞭解商品質量的有關信息，以便能提供適銷對路的商品。

2. 開發設計

開發設計是商品質量形成的前提，包括使用原材料配方、商品的結構原理、性能、外觀以及包裝裝潢設計等。開發設計不好就會給商品質量留下許多後遺症。設計出了差錯，製造工藝再高，生產操作再精細，也生產不出合格的商品。因此，開發設計上的錯誤是本質上的缺陷，無法通過後續的質量控制環節得到改善。

頻繁發生的汽車召回事件，嚴重的如日本的三菱汽車剎車系統失靈事件、豐田汽車召回門事件等，都是因為存在設計缺陷。還有媒體曝光的惠普電腦主板發熱問題、三星的字庫門事件等，問題都出在設計環節。由開發設計的失誤所導致的信譽損失和經濟損失都遠超一般的質量損失。

3. 原材料

原材料質量是決定產品或服務質量的重要因素。衆所周知，原材料是構成產品的原始物質，原材料的優劣直接影響半成品或產成品的質量等級。例如：含硅高的硅砂可制成透明度和色澤俱佳的玻璃制品；而含鐵量高的硅砂只能制出透明度和色澤較差的玻璃制品。以鮮嫩葉制成的綠茶和花茶，有效成分含量高，色、香、味、形俱佳。即使對於無形商品的服務來說，也離不開有形資源的支持，如運輸服務所需的燃料和汽車零部件，超市服務所需的貨架、冷藏櫃、收銀設備等。

選用原材料時應研究其質量對商品或服務質量的影響，以確定選擇原材料的標準，把好原材料質量關。在不影響產品或服務質量的前提下，選用原材料時還應考慮資源的合理利用和綜合利用。例如：選用原材料豐富的代用品，可以降低原材料的成本和擴大原材料來源；利用邊角廢料或適當搭配回收廢舊料等可以提高經濟和社會效益。但使用的原則是不以犧牲商品的質量爲前提，從而提高資源的利用率。

4. 生產工藝和設備

生產工藝在一定條件下對商品質量也具有決定性作用。同樣的原材料在不同的工藝下可形成不同的商品品種和質量，而科學的發展和技術的革新可以使商品質量發生質的飛躍，這種變化很多是通過生產工藝的改進來實現的。例如，用機器壓制的玻璃杯和人工吹制的玻璃杯在厚度、透明度、耐溫急變性等方面都不同。在窗用平板玻璃的生產中，新式浮法工藝是將玻璃熔體在金屬液體上成型，其平整、光潔程度是老式垂直引上法工藝無法比擬的。棉布生產工藝中增加精梳工序可以使成品的內在質量有明顯改善。

設備質量也是決定商品質量的一個因素。設備的故障常常是出現不合格品的重要原因之一。設備的自動化、省力化、高速化和複雜化使故障發生的概率增加，故障影響波及的範圍變廣。因此，加強設備管理與設備保養工作，防止故障發生和降低故障發生率，保持設備加工精度，是保證商品質量的必要條件。

5. 質量檢驗與包裝

質量檢驗是指根據商品標準和其他技術文件的規定，判斷成品及其包裝質量是否合格。包括事前檢驗、事後檢驗，以及對不符合質量標準的商品進行翻修或廢棄。事前檢驗，如客車出車前的檢驗，是保證客運過程安全的必要檢驗；對工業產成品的檢驗則是事後檢驗。在質量形成和實現的過程中，每個環節的檢驗對於下一個環節又是事前控制。好的質量檢驗（含檢驗方法、檢驗手段等）可提供準確、真實可靠的檢驗信息，對於改進設計、加強管理、提高品質具有重要作用。

商品包裝是商品不可缺少的附加物，包裝質量也是構成商品質量的重要因素。良好、合理的包裝不但有利於流通過程中對商品的儲存養護、保護商品的質量，而且有利於商品的銷售與使用，提高商品競爭能力，增加商品的價值。因此，包裝對於商品質量的意義重大。

三、流通過程中影響商品質量的因素

流通過程是產品從生產領域到消費領域所必經的過程，尤其是實體類商品在這個過程中經歷時間長、質量損失風險大，因而需要高度重視。流通過程主要包括運輸與裝卸、儲存與保養和銷售三個階段。

1. 運輸與裝卸

運輸與裝卸是產品進入流通領域的必要條件。產品在運輸過程中會受到衝擊、擠壓、顛簸、震動等物理機械作用，也會受到氣候因素，如溫度、濕度、風吹、日曬、雨淋等的作用，在裝卸過程中還會發生碰撞、跌落、倒置、破碎、散失等問題，這些都會導致產品損耗或質量下降。運輸對產品質量的影響與運程的遠近、時間的長短、運輸的氣候條件、運輸路線、運輸方式、運輸工具、裝卸工具等因素有關。例如：新鮮易腐的食品適宜選擇短途運輸；而煤炭礦石等可以選擇長途運輸；高價值小件商品可以選擇航空運輸；進出口商品適宜選擇海運，但要注意防水處理，並能承受多次裝卸；易碎產品，如玻璃、陶瓷、燈具等，適宜在路況較好的道路上運輸，並要做好防摔處理；化學製品要防止洩漏，易燃易爆商品要防止碰撞和接觸明火；等等。

2. 儲存與保養

倉庫儲存是產品脫離生產領域，進入消費領域之前的存放。產品在儲存期間的質量變化除了與產品本身的性質有關，還與倉庫內外環境條件（如溫度、濕度、氧氣、水分、臭氧、塵土、微生物、害蟲等）、儲存場所的適宜性、養護技術與措施、儲存期的長短等因素有關。通過採取一系列保養和維護倉儲產品質量的技術和管理手段，可以有效地控制儲存環境因素，減少或減緩外界因素對倉儲產品質量的不良影響。例如：牛奶需要避光儲存，才能保持牛奶中的維生素不會喪失；低溫牛奶要冷藏儲存才能保證在規定時間內不發生變質；茶葉、香皂、化妝品等物品應分開儲存以免發生串味；高檔皮革要定期保養，以防老化、斷裂；荔枝採摘後不宜久儲，及時冷藏儲存才能防止褐化。

3. 銷售服務

銷售服務包括售前、售中、售後服務。銷售服務中的進貨驗收、入庫短期存放、商品陳列、提貨搬運、裝配調試、包裝服務、送貨服務、技術諮詢、維修和退貨服務等工作的質量都是最終影響消費者所購商品質量的因素。以售中為例，超級市場中生鮮商品暴露陳列、隨意挑選試用、拆零銷售、長時間燈光照射等，都會使商品在外力、溫濕度、光、熱、微生物、環境污染等影響下引起質量變化。

四、使用過程中影響商品質量的因素

商品的使用對商品質量有直接影響。商品的使用對商品的質量影響主要與商品使用與保養條件、商品安裝及商品使用的方法等有關。如果方法不當、條件不利、違反了規定，不僅損壞了商品，降低了使用價值，甚至可能危及人身安全。所以要認真編制商品說明書，加強宣傳並傳授正確的使用知識，設立必要的諮詢中心和維修網點等，這些都是在使用過程中保護商品質量的重要途徑和措施。

1. 使用範圍和條件

商品都有一定的使用範圍和使用條件，使用中只有遵從其使用範圍和條件，才能發揮商品的正常功能。例如：家用電器的電源應區別交流、直流和所需要的電壓值，否則不但不能使其正常運轉，還會損壞商品。若使用條件要求安全地線保護，則必須按要求實行，否則不但不安全，甚至可能發生觸電身亡的惡性事故。

2. 使用方法和維修保護

為了保證商品質量和延長商品使用壽命，使用中消費者應在瞭解該商品的結構、性能特點的基礎上，掌握正確的使用方法，具備一定的保養商品的日常知識。例如：皮革服裝穿用時要避免被銳利之物割破或反復摩擦，且不能接觸油污、酸性或鹼性物質以及雨雪。收藏保管時宜在干燥處懸掛放置，切勿用皮鞋油揩擦，以防生霉、壓癟、起皺及泛色。

3. 廢棄處理

使用過的商品及其包裝物作為廢棄物被丟棄到環境中，有些廢棄物可回收利用，有些廢棄物則不能或不值得回收利用，也不易被自然因素或微生物破壞分解，成為垃圾；還有些廢棄物會對自然環境造成污染，甚至破壞生態平衡。由於世界各國越來越關註和憂慮環境問題，不少國際組織積極建議，把對環境的影響納入商品質量指標體系中。因此，商品及其包裝物的廢棄物是否容易被處理以及是否對環境有害，將成為決定商品質量的又一主要因素。

第四節　商品質量管理

一、商品質量管理及其發展歷程

1. 質量管理的定義

質量管理是企業全部管理職能的一個重要組成部分，應該由企業最高管理者領導，由企業所有員工去實施。質量管理是指企業為了使其產品、服務能更好地滿足不斷變化的顧客要求而開展的計劃、實施、檢查和審核等管理活動的總和。根據視角的不同，其定義也有所不同。

朱蘭認為，任何組織的基本任務都是提供能滿足用戶要求的產品（包括貨物和服務）。這樣的產品既能給生產該產品的組織帶來收益，又不會對社會造成損害。滿足用戶要求的這一基本任務，給我們提供了質量管理的基本定義："質量就是適用性的管理，市場化的管理。"

費根堡姆認為，質量管理是"為了能夠在最經濟的水平上並考慮到充分滿足顧客要求的條件下進行市場研究、設計、制造和售後服務，把企業內部各部門的研制質量、維持質量和提高質量的活動構成為一體的一種有效的體系"。這是全面質量管理的概念。

根據 GB/T9000-2008/ISO9000：2005 的定義，質量管理是"在質量方面指揮和控制組織的協調的活動"。在質量方面的指揮和控制活動，通常包括制定質量方針和質量目標，以及質量策劃、質量控制、質量保證和質量改進。

2. 質量管理的發展歷程

（1）傳統質量管理階段。

這個階段從出現質量管理開始一直到19世紀末20世紀初流水作業的工廠逐步取代分散經營的家庭手工業作坊為止。這段時期受小生產經營方式或手工業作坊式生產經營方式的影響，產品質量主要依靠工匠的實際操作技術，靠手摸、眼看等感官估量和簡單的度量衡測量而定。工匠既是生產操作者又是質量檢驗者、質量管理者，且實踐經驗的總結就是"質量標準"。質量標準的實施是靠"師傅帶徒弟"式的口傳手教方式進行的，因此，有人又稱之為"操作者的質量管理"。

（2）質量檢驗管理階段。

這個階段從20世紀20年代開始直到20世紀40年代初。該階段，勞動者集中到一個工廠內共同進行批量生產，於是產生了企業管理和質量檢驗管理。也就是說，通過嚴格檢驗來控制和保證出廠或轉入下道工序的產品質量。質量檢驗所使用的手段是各種各樣的檢測設備和儀表，它的方式是嚴格把關，進行百分之百的檢驗。檢驗工作是這一階段執行質量職能的主要內容。然而，由誰來執行這一職能則有個變化過程。

1918年前後，美國出現了以泰勒為代表的"科學管理運動"，強調工長在保證質量方面的作用，於是執行質量管理的責任就由操作者轉移給工長。有人稱之為"工長的質量管理"。隨後，由於企業的規模擴大，這一職能又由工長轉移給專職的檢驗人員，大多數企業都設置專職的檢驗部門並直屬廠長領導，負責全廠各生產單位和產品檢驗工作。有人稱它為"檢驗員的質量管理"。這種專職檢驗屬於事後檢驗和百分百檢驗。事後檢驗無法在生產過程中起到預防、控制的作用；在生產規模擴大和批量生產的情況下，百分百檢驗在經濟上和技術上也不合理。因此，後來又改為百分比抽樣檢驗，以減少檢驗損失費用，但實際上存在大批嚴、小批寬的弊病。1924年，美國貝爾電話研究所的統計學家休哈特博士提出了"預防缺陷"的概念。道奇和羅米格又共同提出，在破壞性檢驗的情況下採用"抽樣檢驗表"，並提出了第一個抽樣檢驗方案。但在當時生產力水平不太高，對產品質量要求也不高的情況下，用數理統計方法進行質量管理未被普遍接受。

（3）統計質量管理階段。

這個階段從20世紀40年代開始到20世紀50年代。由於第二次世界大戰中對軍需品的需求擴大，質量檢驗工作立刻顯示出其弱點，檢驗部分成為生產中最薄弱的環節。因為事先無法控制質量，以及檢驗工作量大，軍火生產常常延誤交貨期，影響前線軍需供應。於是，休哈特的預防方法及道奇、羅米格的抽樣檢驗方法開始受到人們的重視。美國政府制定了戰時國防標準，並取得了很好的效果。

第二次世界大戰以後，統計方法在美國國民工業生產中得到廣泛的應用，由於採取質量控制的統計方法給企業帶來了巨額利潤，戰後很多歐美國家都開始積極開展統計質量控制活動，並取得成效。我國在工業產品質量檢驗管理中，一直沿用蘇聯20世紀40~60年代的百分比抽樣方法，直到20世紀80年代初，才逐步跨入統計質量管理階段。

利用數理統計原理，預防產生廢品並檢驗產品的質量，由專業的質量控制工程師和技術人員承擔檢驗工作，這標誌着事後檢驗的觀念轉變爲事前預防質量事故的觀念，使質量管理工作前進了一大步。但是，這一階段曾出現一種偏見，就是過分強調數理統計方法，忽視了組織管理工作和生產者的能動作用，使人誤以爲"質量管理好像就是數理統計方法""質量管理是少數數學家和學者的事情"，因而對統計質量管理產生了一種高不可攀、望而生畏的感覺，反而阻礙了數理統計方法的推廣。

(4) 現代質量管理階段。

這個階段從20世紀50年代開始到現在。20世紀50年代以來，由於科學技術的迅速發展，出現了許多大型產品和複雜的系統工程，質量要求大大提高，特別是對安全性、可靠性的要求越來越高，單純靠統計質量控制已無法滿足要求。與此同時，行爲科學在質量管理中得到應用，其主要內容就是重視人的作用，強調發揮人的能動作用，調動人的積極性，並在質量管理中相應開展了"依靠工人""自我控制""QC小組"等活動。此外，保護消費者權益運動的發生和發展，要求製造商提供的商品不僅性能符合質量標準，而且要保證商品售後的使用過程中效果良好、安全、可靠、經濟。這些都要求企業建立全過程的質量保證系統，對商品質量實行全面的管理。

基於上述理由，美國通用電氣公司質量經理費根堡姆首先提出了全面質量管理的思想，並出版了《全面質量控制》一書。該書強調執行質量職能是公司全體人員的責任，應該使企業全體人員都具有質量意識和承擔質量的責任。這一思想在美國和世界範圍內很快得到普遍接受和應用，質量管理的歷史從此翻開了新的一頁，進入了全面質量管理階段，並在美國獲得成功，各國紛紛效仿和結合國情加以改造。我國自1987年開始推行全面質量管理，在實踐和理論上都發展很快。全面質量管理從工業企業逐步推行到交通運輸、郵電、商業企業和鄉鎮企業，甚至有些金融、衛生等方面的企事業單位也積極推行全面質量管理。1992年，我國等同採用了ISO9000《質量管理和質量保證》系列國際標準，以進一步全面深入地推行這種現代國際通用的質量管理方法。

回顧質量管理的發展歷程，可以清楚地看到：人們在解決質量問題中所運用的方法、手段，是不斷發展和完善的，而這一過程又是同社會、科學技術的進步和生產力水平的不斷提高密切相關的。同樣可以預料，隨著新技術革命的興起，以及由此而提出的挑戰，人們解決質量問題的方法、手段必然會更爲完善、豐富，質量管理的發展已進入一個新的階段——現代質量管理階段。

二、全面質量管理的基本方法

1. 全面質量管理的概念

國際標準ISO8402：1994《質量管理和質量保證·術語》給出的定義是："一個組織以質量爲中心，以全員參與爲基礎，目的在於通過讓顧客滿意和本組織所有成員及社會受益而達到長期成功的管理途徑。"正確理解這一概念應首先理解"全面"的下述含義：

(1) 全面質量的管理。

所謂全面質量，就是指產品質量、過程質量和工作質量。全面質量不同於以前質量管理的一個特徵，就是其工作對象是全面質量，而不僅僅局限於產品質量。從抓好產品質量的保證入手，用優質的工作質量、過程質量來保證產品質量，這樣才能有效地改善影響產品質量的因素，達到事半功倍的效果。

(2) 全過程的管理。

所謂全過程是相對於制造過程而言的，就是要求把質量活動貫穿於產品質量產生、形成和實現的全過程，全面落實預防爲主的方針，逐步形成一個包括市場調研、設計開發、採購供應、工藝策劃和開發、生產制造、質量檢驗、包裝儲存、銷售分發、安裝運行、技術服務與維修、用後處置等所有環節在內的質量保證體系，把不合格品消滅在質量形成過程中，做到防患於未然。

(3) 全員的管理。

全員的含義是企業全體人員都要參與，人人有責。即上至最高管理者下到所有員工都參與質量管理，分擔一定的質量責任。質量好壞是企業各項工作的綜合反應，所有部門和全體員工的質量職能有效發揮程度都影響着產品質量。同時，應加強企業內各職能和業務部門之間的橫向合作，發揮質量管理的最大效用。當然，處在不同管理層級的人員的質量責任和作用是不同的，比如，企業的最高管理層主要負責制定質量方針、質量目標，完善管理體制，協調各部門、各環節、各類人員的質量管理活動。

(4) 全社會推動的管理。

所謂全社會推動是指要使全面質量管理深入持久地開展下去，並取得良好的效果，就不能把工作局限於企業内部，而應需要全社會的重視，需要質量立法、認證監督，進行宏觀上的控制引導。這是因爲一個完整的產品，往往是由許多企業共同協作來完成的。例如，機器產品的制造企業要從其他企業獲得原材料，從各種專業工廠採購零部件等。因此，僅靠企業內部的質量管理無法完全保證產品質量；另外，來自全社會宏觀質量活動所創造的社會環境可以激發企業提高產品質量的積極性，並認識到它的必要性。

(5) 全面運用各種管理方法。

隨著現代化大生產和科學技術的發展，質量管理在長期的實踐中形成了多樣化、複合型的方法體系。如 PDCA 循環、朱蘭三部曲、數理統計技術與方法、價值分析方法、運籌學方法、ISO9000 族標準方法、六西格瑪管理法，以及老七種工具法（分層法、排列圖法、因果分析圖法、直方圖法、控制圖法、散布圖法和系統調查分析表法）和新七種工具法（關聯圖法、系統圖法、KJ 法、矩陣圖法、矩陣數據分析法、過程決策程序圖法和網路圖法）等。

2. 全面質量管理的基本方法

(1) PDCA 循環。

PDCA 循環是由美國質量專家戴明博士首先提出的，所以又稱爲戴明環（見圖 3-1）。全面質量管理的思想基礎和方法就是 PDCA 循環。PDCA 循環是指將質量管理分爲四個階段，即計劃、執行、檢查、處理。在質量管理活動中，要求把各項工作按照做出計劃、計劃實施、檢查實施效果、然後將成功的納入標準，不成功的留待下一循環去解決的工作方法。這是質量管理的基本方法，也是企業管理各項工作的一般規律。

如圖 3-1 所示，PDCA 循環可分為四個階段，八個步驟。四個階段依次是計劃（P）、執行（D）、檢查（C）、處理（A）。其中又分八個步驟，即找出問題、找出原因、確定主因、制定計劃、執行計劃、檢查效果、鞏固成果、再次循環。

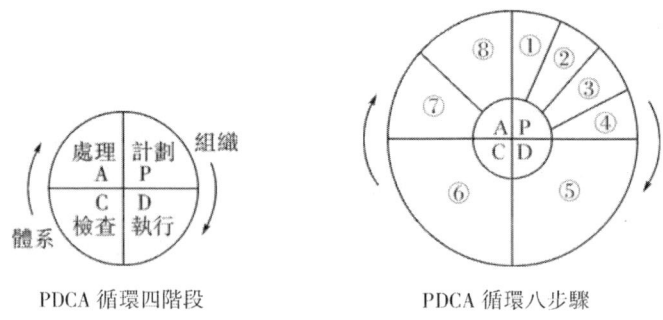

圖 3-1　PDCA 循環示意圖

PDCA 循環的基本特點是：第一，大環套小環，互相促進。PDCA 作為質量管理的一種科學方法，適用於企業各個方面的工作。整個企業的質量改進可以看作是一個大的 PDCA 環，直至具體落實到每個班組、每個人形成的小的 PDCA 循環上。上一級 PDCA 循環是下一級 PDCA 循環的根據，下一級 PDCA 循環是上一級 PDCA 循環的貫徹落實和具體體現。通過循環，把企業的各項工作有機地聯繫起來，彼此協同，相互促進。第二，PDCA 循環每循環一次，產品質量就提高一步。四個階段要周而復始地運轉，而每一次運轉都要有新的目標和內容，因而就意味着前進了一步。如同爬樓梯，逐步上升。在質量管理上，經過一次循環，也就解決了一批問題，質量水平就有了新的提高。

（2）朱蘭三部曲。

朱蘭博士認為，產品中 80% 的質量問題是由管理不善引起的，要提高產品質量，就應破除傳統觀念，抓住質量策劃、質量控制、質量改進三個環節。這種管理模式稱為朱蘭三部曲。

質量策劃就是明確質量目標，並為實現質量目標而進行策劃部署。其主要內容有：確定顧客的需求；開發可以滿足顧客需求的產品；制定能滿足顧客需求的質量目標，並以最低綜合成本來實現；開發出能生產所需產品的生產程序，驗證這個程序的能力，證明它在實施中能達到質量目標。

質量控制是生產經營中達到目標的過程，最終結果是按照質量計劃進行生產，並做相應控制。主要內容有：選擇控制對象；規定測量標準和方法；測定實際質量特性；通過實際與標準的比較找出差異，根據差異採取措施並監控其效果。

質量改進是一個突破計劃並達到前所未有水平的過程，最終結果是在明顯優於原來計劃的質量水平上進行經營活動。質量改進的內容包括：確定改進對象，組織診斷，尋找改進機會；提出改進方法和預防措施；實施改進，並對這些改進項目加以指導和控制；證明這些方法有效，並在質量管理體系文件中體現；提供控制手段，以保持其有效性。

(3) 六西格瑪管理。

六西格瑪（6σ）管理是在20世紀90年代中期開始被美國通用電氣公司（GE）從一種全面質量管理方法演變成爲一個高度有效的企業流程設計、改善和優化的技術，適用於設計、生產和服務的新產品開發工具。六西格瑪是一套持續改進的管理思想、方法和文化，能夠提高質量、減少消耗，並逐步發展成爲以顧客爲主體來確定企業戰略目標和產品開發設計的標尺，追求持續進步的一種管理哲學。

西格瑪是希臘字母"σ"的中文音譯，統計學用其來表示標準偏差，即數據的離散程度，也就是對連續可計量的質量特性，可用σ度量質量特性總體上偏離目標值的程度。換句話說，在質量管理領域，可用σ表示質量控制水平。如果控制在3σ水平，表示產品合格率已達到99.73%，只有0.27%爲次品。又或者解釋爲每1 000件產品只有2.7件爲次品。若控制在6σ水平，則產品合格率高達99.999 66%，不合格率只有0.000 34%，也就是每生產1 000 000件產品，不合格率不超過3.4件，也就是説接近於零缺陷水平。

6σ管理具有以下幾個顯著的特點：

①管理理念以顧客爲關註焦點。6σ以顧客爲中心，關註顧客的需求，即研究顧客最需要的是什麽，最關心的是什麽。假如顧客買一輛摩托車要考慮30個因素，就需要去分析這30個因素中哪一個是最重要，通過計算，找到最佳組合。因此，6σ是根據顧客的需求來確定管理項目，將重點放在顧客最關心、對組織影響最大的方面。

②通過提高顧客滿意度和降低資源成本促使組織業績提升。6σ項目瞄準的目標有兩個：一是提高顧客滿意度，通過提高顧客滿意度來占領市場、開拓市場，從而提高組織的效益；二是降低資源成本，通過降低資源成本，尤其是降低不良質量成本損失從而增加組織的收入。因此，實施6σ能給一個組織帶來顯著的業績提升。

③註重數據和事實，使管理成爲基於數字的科學。6σ管理方法是一種高度重視數據，依據數字、數據進行決策的管理方法。它通過定義"機會"與"缺陷"，通過計算每個機會中的缺陷數、每百萬機會中的缺陷數，不但可以測量和評價產品質量，還可以把一些難以測量和評價的工作質量和過程質量，變得像產品質量一樣可以測量和用數據加以評價，從而有助於獲得改進機會，達到消除或減少工作差錯及產品缺陷的目的。因此，6σ管理廣泛採用各種統計技術工具，使管理成爲一種可測量、數字化的科學。

④一種以項目爲驅動力的管理方法。6σ管理方法的實施以項目爲基本單元，通過一個個項目的實施來實現。通常項目是以黑帶爲負責人，牽頭組織項目團隊，通過項目的成功完成來實現產品或流程的突破性改進。

⑤實現對產品和流程的突破性質量改進。6σ的一個顯著特點是項目的改進都是突破性的。通過這種改進能使產品質量得到顯著提高，或者使流程得到改進，從而使組織獲得顯著的經濟利益。實現突破性改進是6σ的一大特點，也是組織業績提升的源泉。

⑥遵循 DMAIC 的改進方法。6σ 有一套全面系統地發現、分析、解決問題的方法和步驟，這就是 DMAIC 改進方法。即項目定義階段（D）、數據收集階段（M）、數據分析階段（A）、項目改善階段（I）、項目控制階段（C）。

⑦強調骨干隊伍的建設。6σ 管理方法比較強調骨干隊伍的建設，其中，倡導者、黑帶大師、黑帶、綠帶是整個 6σ 隊伍的骨干。對不同層次的骨干進行嚴格的資格認證，如黑帶必須在規定的時間內完成規定的培訓，並主持完成一項增產節約幅度較大的改進項目。

案例學習：

奔馳：嚴格的品質管理制度

德國的戴姆勒—奔馳汽車公司是德國最大的汽車製造公司，素以生產優質高價的"梅賽德斯—奔馳"汽車著稱於世。作爲世界上歷史最悠久的汽車公司，奔馳公司自1883 年創建之日起，就始終處於執世界汽車業之牛耳的地位。一個多世紀以來，世界汽車業幾經滄桑，許多汽車公司在激烈的市場競爭中幾度沉浮，然而奔馳汽車公司卻始終"吉星高照"，這在很大程度上歸功於其產品的高品質。

奔馳公司認爲，只有全體員工都重視產品品質，產品的品質才有保證。因此，公司十分強調企業精神，強調工人參與，努力營造一種嚴格的品質意識。

高品質與員工的高素質是分不開的，因此，奔馳公司十分註意培訓技工隊伍，僅在德國就設有 52 個培訓中心。接受培訓的人員主要包括兩種：一是受基本職業訓練的年輕人；二是培訓有經驗的工程技術人員、商業人員和技術骨干。

受基本職業訓練的年輕人一般保持在 6 000 人左右，他們大部分都具有十年制學校畢業的文化程度，進廠後進行爲期兩年的培訓。在培訓過程中，除每周一天的廠外文化學習外，其餘時間都在廠內進行車、焊、測等基本理論和實踐的訓練。他們經結業考試合格後才能成爲正式工人。

奔馳公司的工程技術人員、商業人員和技術人員共有 9 300 多人，占員工總數的 2%，他們是公司的骨干力量，公司對他們的再培訓是不惜血本的。公司通過舉辦專題講座、派員工外出學習、設立業餘學校等形式對他們進行內容豐富的各種再培訓活動。據統計，平均每年有 2 萬至 3 萬人參加這類再培訓。

奔馳公司對產品的每一個部件的制造都一絲不苟，有時甚至到了吹毛求疵的地步。人們在判斷一輛汽車的品質時，大都對外觀、性能較爲重視，而很少註意它的座位。但即使對這個極少引人註意的部位，奔馳公司也極爲認真。例如在製作座椅的皮面時，他們爲了選好牛皮曾到世界各地進行考察、選擇，確定牛皮品質最好的地區和牛的品種作爲他們的牛皮供應點。在確定了供應點以後，奔馳公司要求在飼養過程中要防止牛身上出現外傷和寄生蟲，保持良好的衛生狀況，以保證牛皮不受損害。一張 6 平方米左右的牛皮，奔馳廠只用一半，因爲肚皮太薄、頸皮太皺、腿皮太窄。此後的製作、染色等都由專門的技術人員負責，直到座椅制成。從製作座椅的這種認真精神，可以推想到奔馳公司對主要機件的製造是何等精細了。

　　為了保證產品的高品質，奔馳公司的檢查制度是十分嚴格的。即使是一顆小小的螺絲釘，在組裝到車上之前，也要先經過檢驗。生產中的每個組裝階段都有檢查，最後經專門技師總查簽字，車輛才能開出生產線。許多笨重的勞動如焊接、安裝發動機和擋風玻璃等都由機器完成，從而保證了品質的統一。

　　由於採取了上述諸多的措施，使得奔馳公司生產的汽車耐用、舒適和安全，在人們心目中樹立起了高品質的形象。

思考題：

1. 如何準確理解商品質量的概念？
2. 商品質量應具備哪些基本特性？
3. 食品類商品質量的基本要求是什麼？
4. 影響商品質量的因素有哪些？
5. 如何理解全面質量管理的概念？

第四章　商品標準與質量認證

學習目標：

1. 瞭解商品標準與標準化以及商品質量認證的作用和意義。
2. 知曉商品標準的種類與商品質量認證的種類，以及常見的質量標誌。
3. 掌握商品標準與質量認證的概念。
4. 掌握商品標準的分級，以及商品標準化的形式。

第一節　商品標準概述

一、商品標準的概念

1. 標準的概念

國際標準化組織（ISO）以指南的形式給"標準"的定義做了統一規定："標準是由一個公認的機構制定和批准的文件。它對活動或活動的結果規定了規則、導則或特殊值，供共同和反覆使用，以實現在預定領域內最佳秩序的效果。"

國家標準《標準化工作指南·標準化和相關活動的通用詞彙》（GB/T2000.1-2002）中對"標準"也給出了類似的明確定義："標準是爲了在一定的範圍內獲得最佳秩序，經協商一致制定並經公認機構批准，共同使用的和重複使用的一種規範性文件。"同時還進一步註明："標準宜以科學、技術和經驗的綜合成果爲基礎，以促進最佳的共同效益爲目的。"

綜上可知，標準是對重複性事物和概念所做的統一的規定，它以科學、技術和實踐經驗的綜合成果爲基礎，經有關方協商一致，由主管機構批准，以特定形式發布，作爲共同遵守的準則和依據。

理解這一概念，應把握以下幾個要點：①標準的對象是需要協調統一的重複性事物和概念。重複性是指事物的反覆性特徵，只有當它們反覆出現和應用時，才有對該事物制定標準的必要。②制定標準的依據是科學技術和實踐經驗的綜合成果。一方面標準是新技術、新工藝、新材料等科學技術進步創新的結果；另一方面標準又是人們在實踐中不斷總結和吸取帶普遍性和規律性經驗的成果。③標準制定的程序要經有關方面充分協商。④標準文件有着自己的一套格式和制定發布程序，具有一定的嚴肅性和規範性。⑤標準的本質特徵是統一，出發點是建立最佳秩序和取得最佳效益。

2. 商品標準的概念

商品標準是整個標準體系中的一部分。商品標準是對商品質量以及與質量有關的各個方面，如品種、規格、用途、試驗方法、檢驗規則、包裝、標誌、運輸和儲存等，所做出的統一技術規定。廣義的商品標準是指產品（有形商品）標準和服務（無形商品）標準的總稱，狹義的商品標準是指產品標準。大多數情況下，我們所說的商品標準是狹義的。

國家標準《標準化工作指南》（GB/T2000.1-2002）將"產品標準"定義爲"規定產品應滿足的要求以確保其適用性的標準"。同時註明：①產品標準除了包括適用性的要求外，還可直接地或通過引用間接地包括諸如術語、抽樣、測試、包裝和標籤等方面的要求，有時還可包括工藝要求。②產品標準根據其規定是全部的還是部分的必要要求，可區分爲完整的標準和非完整的標準；同理，又可區分爲其他不同類別的標準，例如尺寸標準、材料類標準和交貨技術通則類標準。

商品標準是商品生產、質量驗收、監督、貿易洽談、儲存運輸等活動的依據和準則，也是對商品質量爭議做出仲裁的依據，對保證和提高商品質量，提高生產、流通和使用的經濟效益，維護消費者和用戶的合法權益等都具有重要作用。

二、商品標準的分類

1. 按表達形式分類

（1）文件標準。

它是特定格式的文件，是以文字、表格、圖樣等形式，對商品的質量、規格、檢驗等有關技術方面內容的統一規定。絕大多數商品標準爲文件標準。例如，在國際貨物買賣中，經常會採用文字說明來規定其質量，具體的如"憑標準買賣""憑規格買賣""憑等級買賣"等，就是遵循具體的文字說明進行交易。

（2）實物標準。

它是由標準化機構或指定部門用實物製成的與文件標準規定的質量要求相同的標準樣，是對某些難以用文字準確表達的質量要求所做的統一規定，常用做文件標準的補充。這是一種經過權威機構確認，可作爲標準的制品，如棉花、茶葉、玉米等實物標準。國際貿易中稱爲"憑樣品買賣"，具體又分爲買方樣品、賣方樣品、對等樣品等。實物標準又分爲全國基本標準和地方仿製標準。標準樣需要每年更新。

2. 按約束力分類

（1）強制性標準。

強制性標準又稱法規性標準，是指保障人體健康、人身與財產安全的標準，法律、行政法規規定必須強制執行的標準。強制性標準所規定的內容必須執行，不允許以任何理由或方式違反、變更，對違反強制性標準的行爲，國家將依法追究當事人的法律責任。強制性標準包括強制性的國家標準、行業標準和地方標準。

我國需要執行強制性標準的商品主要涉及以下幾個方面：①藥品標準、食品衛生標準、獸藥標準；②產品及產品生產、儲運和使用中的安全、衛生標準，勞動安全衛生標準，運輸安全標準；③工程建設的質量、安全、衛生標準及國家需要控制的其他工程建設標準；④環境保護的污染物排放標準和環境質量標準；⑤重要的通用技術術語、符號、代號和制圖方法；⑥通用的試驗、檢驗方法標準；⑦互換配合標準；⑧國家需要控制的重要產品標準。

(2) 推薦性標準。

推薦性標準又稱自願性標準，是指國家鼓勵自願採用的具有指導作用而又不宜強制執行的標準，即標準所規定的技術內容和要求具有普遍的指導作用，允許使用單位結合自己的實際情況靈活選用。

雖然推薦性標準的實施以自願採用爲原則，一般不要求強制執行，但在某些情況下必須嚴格執行：①一項推薦性標準一旦納入國家法律、法規或指令性文件規定，在一定範圍內該項標準便具有強制推行的性質；②一項推薦性標準被企業作爲認證所採用的標準時，經過按此標準認證的產品，必須嚴格執行該項標準；③企業向公衆明示其產品符合某項推薦性標準時，應當嚴格執行所明示的推薦性標準；④某項推薦性標準被購銷雙方引用爲交貨依據時，雙方應當嚴格執行該項標準。

3. 其他分類

按照標準的對象劃分，可分爲技術標準、管理標準、工作標準和服務標準；按標準的成熟程度可分爲正式標準和試行標準；按標準的保密程度可分爲公開標準和內部標準；按照使用要求還可分成生產型標準和貿易型標準；按照標準的適用範圍可分爲出口商品標準和內銷商品標準等。

第二節　商品標準分級

標準幾乎涉及人類所有的實踐活動，已形成一個龐大、複雜的系統。標準的分級方法很多，也不統一。通常，按照其指定主體和適用及有效範圍的不同，可將標準分成不同的層次、級別，其目的是使標準適應不同區域範圍、不同管理水平、不同經濟水平以及不同技術水平。由於各國的經濟社會條件不同，分級方法也有所不同。根據《中華人民共和國標準化法》，我國的標準劃分爲國家標準、行業標準、地方標準和企業標準四個層次。各層次之間有一定的依從關係和內在聯繫，形成一個覆蓋全國又層次分明的標準體系。從世界範圍來看，標準通常分爲國際標準、區域標準、國家標準、行業標準或專業團體標準以及公司（企業）標準五級。

一、我國商品標準的分級

1. 國家標準

國家標準是指由國家標準化主管機構批準發布，對國家經濟、技術發展有重大意義，必須在全國範圍內統一的標準。我國的國家標準主要包括重要的工農業產品標準，重要的服務標準，基本原料、材料、燃料標準，通用的零件、部件、元件、器件、構件、配件和工具，量具標準，通用的試驗和檢驗方法標準，產品或服務質量分等標準，廣泛使用的基礎標準，有關安全、衛生、健康和環境保護標準，有關互換、配合通用技術術語標準等。國家標準在全國範圍內適用,其他各級別標準不得與國家標準相抵觸。

國家標準分為強制性國家標準(代號 GB)和推薦性國家標準(代號 GB/T)。國家標準的編號由國家標準代號、標準順序號和發佈年號組成,如強制性國家標準《GB16869—2005 鮮、凍禽食品》的編號組成示例如圖 4-1 所示。

```
GB   16869—2005  鮮、凍禽食品
                          標準名稱
                          標準發佈年代號
                          標準發佈順序號
                          強制性國家標準代號
```

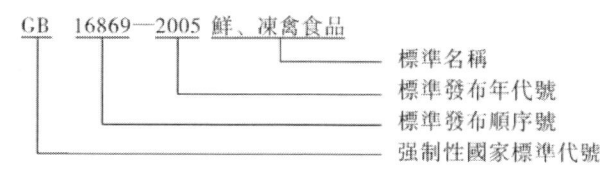

圖 4-1　強制國家標準編號組成示例

國家實物標準(或稱標準樣品,簡稱標樣),由國家標準化行政主管部門統一編號,編號方法為國家實物標準代號 GSB,加上標準順序號(《標準文獻分類法》的一級類目、二級類目的代號與二級類目範圍內的順序號),加上四位數年代號構成。如圖 4-2 所示。

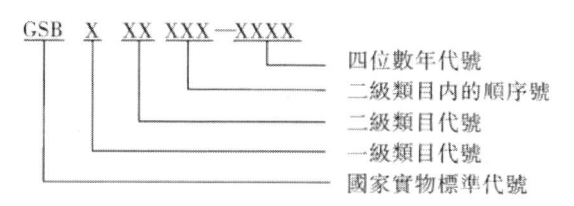

```
GSB  X  XX  XXX—XXXX
                  四位數年代號
                  二級類目內的順序號
                  二級類目代號
                  一級類目代號
                  國家實物標準代號
```

圖 4-2　國家實物標準編號組成示例

2. 行業標準

我國的行業標準是指在沒有國家標準的情況下,需要在行業範圍內統一制定和實施的標準,包括行業範圍內的主要產品標準,主要服務標準,通用的零件、配件標準,設備、工具和原材料標準,工藝規程標準,通用的術語、符號、規則、方法等基礎標準。

行業標準由國務院有關主管部門、專業標準化技術委員會或行業標準歸口部門編制計劃、草擬、審批、編號和發佈,並報國務院標準化行政主管部門國家質檢總局備案。我國約有 150 個專業標準化技術委員會參與行業標準的制定、修訂和審查的組織工作。行業標準不能與有關的國家標準相抵觸,已有國家標準的不能再制定這類行業標準。已制定有行業標準的,在發佈實施相應的國家標準後,該標準即行廢止。

行業標準也分為強制性行業標準和推薦性行業標準。行業標準代號由國務院標準化行政主管部門規定,例如農業行業的強制性標準代號是"NY",農業行業的推薦性標準代號是"NY/T"。我國行業標準代號如表 4-1 所示。

表 4-1　　　　　　　　　　　中國行業標準代號

序號	標準類別	標準代號	批準發布部門	標準組織制定部門
1	安全生產	AQ	國家安全生產監督管理總局	
2	包裝	BB	國家發改委	中國包裝工業總公司
3	船舶	CB	國防科學工業委員會	中國船舶工業總公司
4	測繪	CH	國家測繪局	國家測繪局
5	城鎮建設	CJ	建設部	建設部
6	新聞出版	CY	國家新聞出版廣電總局	國家新聞出版廣電總局
7	檔案	DA	國家檔案局	國家檔案局
8	地震	DB	中國地震局	中國地震局
9	電力	DL	國家發改委	國家發改委
10	地質礦產	DZ	國土資源部	國土資源部
11	核工業	EJ	國防科學工業委員會	國防科學工業委員會
12	紡織	FZ	國家發改委	中國紡織工業協會
13	公共安全	GA	公安部	公安部
14	供銷	GH	中華全國供銷合作總社	中華全國供銷合作總社
15	國家軍用標準	GJB		
16	廣播電影電視	GY	國家新聞出版廣電總局	國家新聞出版廣電總局
17	航空	HB	國防科學工業委員會	中國航空工業總公司
18	化工	HG	國家發改委	中國石油和化學工業協會
19	環境保護	HJ	環境保護部	環境保護部
20	海關	HS	海關總署	海關總署
21	海洋	HY	國家海洋局	國家海洋局
22	機械	JB	國家發改委	中國機械工業聯合會
23	建材	JC	國家發改委	中國建築材料工業協會
24	建築工業	JG	建設部	建設部
25	金融	JR	中國人民銀行	中國人民銀行
26	交通	JT	交通部	交通部
27	教育	JY	教育部	教育部
28	旅遊	LB	國家旅遊局	國家旅遊局
29	勞動和勞動安全	LD	勞動和社會保障部	勞動和社會保障部
30	糧食	LS	國家糧食局	國家糧食局
31	林業	LY	國家林業局	國家林業局
32	民用航空	MH	中國民航管理總局	中國民航管理總局
33	煤炭	MT	國家發改委	中國煤炭工業協會
34	民政	MZ	民政部	民政部

表4-1(續)

序號	標準類別	標準代號	批準發布部門	標準組織制定部門
35	農業	NY	農業部	農業部
36	輕工	QB	國家發改委	中國輕工業聯合會
37	汽車	QC	國家發改委	中國機械工業聯合會
38	航天	QJ	國防科學工業委員會	中國航天工業總公司
39	氣象	QX	中國氣象局	中國氣象局
40	國內貿易	SB	商務部	商務部
41	水產	SC	農業部	農業部
42	石油化工	SH	國家發改委	中國石油和化學工業協會
43	電子	SJ	工業和信息化部	工業和信息化部
44	水利	SL	水利部	水利部
45	商檢	SN	國家質量監督檢驗檢疫總局	國家認證認可監督管理委員會
46	石油天然氣	SY	國家發改委	中國石油和化學工業協會
47	海洋石油天然氣	SY	國家發改委	中國海洋石油總公司
48	鐵道	TB	交通部	交通部
49	土地管理	TD	國土資源部	國土資源部
50	鐵道交通	TJ	交通部標準所	
51	體育	TY	國家體育總局	國家體育總局
52	物資管理	WB	國家發改委	中國物流與採購聯合會
53	文化	WH	文化部	文化部
54	兵工民品	WJ	國防科學工業委員會	國防科學工業委員會
55	衛生	WS	衛生和計劃生育委員會	衛生和計劃生育委員會
56	文物保護	WW	國家文物局	
57	稀土	XB	國家發改委稀土辦公室	國家發改委稀土辦公室
58	黑色冶金	YB	國家發改委	中國鋼鐵工業協會
59	烟草	YC	國家烟草專賣局	國家烟草專賣局
60	通信	YD	工業和信息化部	工業和信息化部
61	有色冶金	YS	國家發改委	中國有色金屬工業協會
62	醫藥	YY	國家食品藥品監督管理局	國家食品藥品監督管理局
63	郵政	YZ	國家郵政局	國家郵政局
64	中醫藥	ZY	中國中醫藥管理局	中國中醫藥管理局

　　行業標準的編號由強制性或推薦性行業標準代號、標準發布順序號、四位數標準發布年代號組成。例如，強制性電力行業標準《火力發電廠職業衛生設計規程》的編號的是 DL5454—2012，推薦性電力行業標準《水電水利工程施工測量規範》的編號的是 DL/T5173—2012。圖4-3是強制性行業標準編號組成的示例。

49

```
    DL 5454—2012 火力發電廠職業衛生設計規程
             │    │  │        └── 標準名稱
             │    │  └────────── 標準發布年代號
             │    └───────────── 標準發布順序號
             └────────────────── 強制性行業標準代號
```

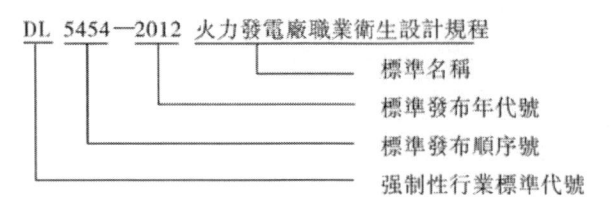

圖 4-3　強制性行業標準編號組成示例

3. 地方標準

地方標準是指在沒有國家標準和行業標準的情況下，需要在省、自治區、直轄市某地區內統一制定和使用的標準，主要包括工業產品安全、衛生要求；藥品、獸藥、食品衛生、環境保護、節約能源、種子等法律、法規規定的要求；其他法律、法規規定的要求。地方標準建立的目的主要是考慮到我國各地經濟發展的不平衡並促進地方經濟的發展，但要注意避免形成市場分割和貿易保護。

地方標準由省、自治區、直轄市質檢部門制定、審批和發布，並報國務院標準化行政主管部門國家質檢總局和國務院有關行政主管部門備案，在公布和實施相應的國家標準和行業標準之後，該項地方標準即行廢止。

強制性地方標準的代號由"DB"和省、自治區、直轄市行政區劃代碼前兩位數字再加斜線組成，例如重慶市強制性地方標準的代號為"DB50/"，標準農村戶用高效沼氣池操作規程編號為"DB50/49-2001"。在上述代號後再加"T"，則組成推薦性地方標準代號。我國各省、自治區、直轄市行政區劃代碼見表 4-2。

表 4-2　　　　　各省、自治區、直轄市行政區劃代碼

地區	代碼	地區	代碼
北京市	110000	湖北省	420000
天津市	120000	湖南省	430000
河北省	130000	廣東省	440000
山西省	140000	廣西狀族自治區	450000
內蒙古自治區	150000	海南省	460000
遼寧省	210000	四川省	510000
吉林省	220000	貴州省	520000
黑龍江省	230000	雲南省	530000
上海市	310000	西藏自治區	540000
江蘇省	320000	重慶市	550000
浙江省	330000	陝西省	610000
安徽省	340000	甘肅省	620000
福建省	350000	青海省	630000
江西省	360000	寧夏回族自治區	640000
山東省	370000	新疆維吾爾族自治區	650000
河南省	410000	臺灣省	710000

4. 企業標準

企業標準是指由企業制定發布，在該企業範圍內需要協調、統一的技術要求，管理要求和工作要求所指定使用的標準。企業生產的產品沒有國家標準和行業標準時，應當制定企業標準，作爲企業組織生產、經營活動的依據。已有國家標準和行業標準的，企業也可以制定嚴於國家標準或行業標準的內控企業標準，以提高產品質量水平，保證產品質量高於國家標準或行業標準甚至國際標準的要求。

企業標準原則上由企業自行組織制定、批准和發布實施，報當地政府標準化行政主管部門、質檢部門和有關行政主管部門備案。企業標準代號爲"Q/"，各省、自治區、直轄市頒布的企業標準應在"Q"前加本省、自治區、直轄市的漢字簡稱，如北京市爲"京Q/"，湖南省爲"湘Q/"。斜線後爲企業代號和編號（順序號—發布年代號）。中央所屬企業由國務院有關行政主管部門規定企業代號，地方企業由省、自治區、直轄市政府標準化行政主管部門規定企業代號。

企業標準的編號由企業標準代號、標準發布順序號和標準發布年代號（四位數）組成，例如，麥當勞企業某個標準的編號是 Q/MDL024—2005。企業代號一般用企業名稱的漢語拼音縮寫字母表示。圖4-4是企業標準編號組成示例。

Q/MDL 024—2005
  ├─ 企業標準發布年代號
  ├─ 企業標準發布順序號
  └─ 麥當勞企業標準代號

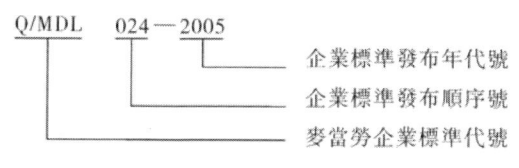

圖4-4 企業標準標號組成示例

二、世界範圍內的標準分級

1. 國際標準

國際標準是指由國際上有權威的標準化組織制定，並爲國際所承認和通用的標準。例如，國際標準化組織（ISO）、國際電工委員會（IEC）、國際電信聯盟（ITU）所制定的標準，以及經國際標準化組織確認並公布的其他國家組織所制定的標準。它們已爲大多數國家所承認並不同程度地採用。

國際標準化組織成立於1947年，主要任務是制定國際標準，協調世界範圍內的標準化工作，與其他國際性組織合作研究有關標準化問題。國際電工委員會成立於1906年，是負責電氣和電子領域的標準化組織，其宗旨是促進電氣化、電子工程領域中標準化及有關方面的國際合作。國際標準化組織公布的其他國際組織，見表4-3。

表4-3　　　　　　　　　ISO公布的其他國際組織

序號	名稱	代號
1	國際計量局	BIPM
2	國際人造纖維標準化局	BISFA
3	食品法典委員會	CAC

表4-3(續)

序號	名稱	代號
4	關稅合作理事會	CCC
5	國際無線電諮詢委員會	CCIR
6	國際電報電話諮詢委員會	CCITT
7	時空系統諮詢委員會	CCSDS
8	國際電器設備合格認證委員會	CEE
9	國際建築研究與文獻委員會	CIB
10	國際照明委員會	CIE
11	國際內燃機學會	CIMAC
12	國際無線電干擾特別委員會	CISPR
13	世界牙科聯盟	FDI
14	國際原子能機構	IAEA/AIEA
15	國際航空運輸協會	IATA
16	國際民航組織	ICAO
17	國際谷類加工食品科學技術協會	ICC
18	國際排灌研究委員會	ICID
19	國際輻射單位與測量委員會	ICRU
20	國際輻射防護委員會	ICRP
21	萬維網工程特別工作組	IETF
22	國際乳制品業聯合會	IOF
23	國際圖書館協會聯合會	IFLA
24	國際有機農業運動聯合會	IFOAM
25	國際煤氣工業聯合會	IGU
26	國際制冷學會	IIR
27	國際勞工組織	ILO
28	國際海事組織	IMO
29	國際橄欖油委員會	IOOC
30	國際葡萄與葡萄酒局	IWO
31	國際獸疫防治局	OIE
32	國際法制劑量組織	OIML
33	材料與結構研究實驗所國際聯合會	RILEM
34	貿易信息交流促進委員會	TARFIX
35	國際鐵路聯盟	UIC
36	聯合國教科文組織	UNESCO
37	世界衛生組織	WHO
38	世界知識產權組織	WIPO
39	世界氣象組織	WMO

國際標準用標準代號（如 ISO，IEC）和編號（標準序號、發布年代號）來表示，如"ISO9237-1995 紡織品—織物透氣性的測定"，其編號組成參見圖 4-5。

```
          ISO      9237    -    1995    紡織物—織物透氣性的測定
標準代號 ────┘        │          │              │
標準序號 ────────────┘          │              │
發布年份 ──────────────────────┘              │
標準名稱 ──────────────────────────────────────┘
```

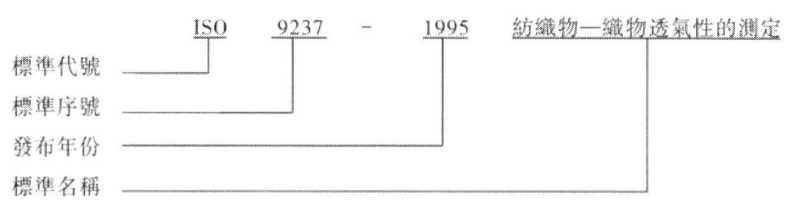

圖 4-5　國際標準的代號和編號

2. 區域標準

區域標準是指由世界某一地理、政治或經濟區域的有關區域性集團的標準化組織所制定和發布的標準。區域標準的目的在於促進區域性標準化組織及其成員國進行貿易，便於該地區的技術合作和技術交流，協調該地區與國際標準化組織的關係。

國際上較為常見的區域標準有歐洲標準化委員會（CEN）制定的歐洲標準（EN）、歐洲電信標準學會（ETSI）制定的歐洲電信標準（ETS）、非洲地區標準化組織（ARSO）制定的非洲地區標準（ARS）、阿拉伯標準化與計量組織（ASMO）制定的阿拉伯標準（ASMO）、泛美技術標準委員會（COPANT）制定的泛美標準（PAS）、歐洲電工標準化委員會（CENELEC）制定的標準、亞洲標準諮詢委員會（ASAC）制定的標準等。

3. 國家標準

國家標準是指國家的官方標準機構或政府授權的有關機構批準、發布並在全國範圍內統一和使用的標準。如美國國家標準 ANSI、英國國家標準 BS、德國國家標準 DIN、法國國家標準 NF、俄羅斯國家標準 GOST、泰國國家標準 TIS、韓國國家標準 KS、澳大利亞國家標準 AS、中國國家標準 GB 等。此外某些國家標準也是世界先進標準，如瑞士的手表材料國家標準、瑞典的軸承鋼國家標準、比利時的鑽石標準等。

4. 行業或專業團體標準

它通常是指由發達國家的專業或行業團體（學會、協會或其他民間團體）制定、發布的標準，其中有些標準是國際上公認的權威標準，它們為專業或行業提供了很好的技術規範並廣泛被各國採用。例如，美國試驗與材料協會（ASTM）、美國石油學會（API）、美國電氣與電子工程協會（VDE）、挪威電氣設備檢驗與認證委員會（NEMKO）等頒布的技術標準。

第三節　商品的標準化

一、商品標準化的概念及作用

1. 概念

國家標準《標準化工作指南》（GB/T2000.1-2002）對"標準化"的定義是："為

了在一定範圍內獲得最佳秩序，對現實問題或潛在問題制定共同使用和重複使用的條款的活動。"同時在定義後註明：①上述活動主要包括編制、發布和實施標準的過程；②標準化的主要作用在於為了其預期目的改造產品、過程或服務的適用性，防止貿易壁壘，並促進技術合作。"標準化"的上述定義同時也是國際標準化組織對"標準化"給出的確切定義。

由此，標準化有三個要義：第一，標準化是一項活動、一個過程。這個活動包括標準的編制、發布到實施的全過程。第二，標準化涉及的現實問題或潛在問題範圍非常寬廣，除了生產、流通、消費等經濟活動，還包括科學、技術、管理等多種活動。第三，標準化活動是有目的的，就是要在一定範圍內獲得最佳秩序。"最佳"是通盤考慮了目前與長遠、局部與全局等各種因素後所能取得的綜合的最佳效益。"秩序"是指有條不紊的生產秩序、技術秩序、經濟秩序、管理秩序和安全秩序等。

商品標準化是整個標準化活動中的重要組成部分，它是在商品生產和流通的各個環節中制定、發布以及推行商品標準的活動。商品標準化包括名詞術語標準化、商品質量標準化、商品質量管理標準化、商品分類編碼標準化、商品零部件通用化、商品品種規格系列化、商品檢驗與評價方法標準化、商品包裝和儲存運輸的標準化等內容。

商品標準化是一項系統管理活動，涉及面廣，專業技術要求很高，政策性很強，是衡量一個國家生產技術水平和管理水平的尺度，是現代化的一個重要標誌。現代化水平越高，就越需要商品標準化。商品標準化的基本原理包括統一原理、簡化原理、協調原理和最優化原理。

2. 作用

標準化是國民經濟及其各部門的一項重要基礎工作，對發展社會生產力和科學技術，提高商品質量，擴大對外經濟和技術交流，提高社會經濟效益等具有重要作用。

（1）標準化是現代化商品生產和流通的必要前提。

現代化商品生產是以先進科學技術和生產高度社會化為特徵的生產，生產各部門和企業各工序間分工越來越細，協作聯繫要求越來越緊密，這就必然要求以技術上的高度統一和廣泛協調為前提，發展專業化的協作生產。此外，在現代化商品流通中也只有通過標準化才能使各部分及各環節有機地聯繫起來，從而使社會再生產過程得以順利進行。

（2）標準化是實現現代化科學管理的基礎。

質量管理是企業管理的核心，商品標準是企業管理目標在質量方面的具體化和定量化，可以為企業編制計劃、商品設計和制造、商品檢驗、商品質量管理、商品質量監督、質量仲裁等提供科學依據。而商品標準化是全面質量管理的一個重要組成部分，要科學管理，就必須制定和推行標準，這樣才能保證企業整個管理系統功能的發揮，實現管理的現代化。

（3）標準化是提高商品質量和合理發展商品品種的技術保證。

商品標準是衡量商品質量的重要依據。有了商品標準，企業解釋質量差距、開發新品種等就有了方向。在商品設計中貫徹標準化，簡化多餘或低功能的商品品種；通過系列化形成最佳的品種構成滿足廣泛的需要；根據組合化原則能用少量的要素組合成較多的新品種等。這對於提高商品質量、合理開發新品種、降低商品成本、提高企業競爭力和應變能力都有重要的意義。

（4）標準化是推廣應用新技術、促進技術進步的橋樑。

標準化是連接商品研制、開發、生產、流通、使用等各個環節的紐帶，新工藝、新材料、新技術、新產品研制成功，通過技術鑒定後，就被納入相應的標準，從而能得到迅速的推廣和應用，獲得顯著的經濟效益。

（5）標準化是國際經濟、技術交流的紐帶和國際貿易的調節工具。

國際貿易離不開標準化，積極採用國際標準和國外的先進標準，可以消除國際貿易技術壁壘，促進國際技術交流，發展對外貿易。在國際貿易中，商品標準是進行仲裁的依據，利用標準化還可以保護本國的利益。因此，標準化在國際貿易中可起到協調、推動、仲裁、保護的作用。

二、商品標準化的形式與方法

1. 簡化

簡化是標準化的一般原則，標準化的本質就是簡化，它是控制複雜性、防止多樣性泛濫的一種手段。簡化就是指當商品多樣化已發展到一定規模後，在一定範圍內縮減商品的類型數目，使之能更經濟和有效地滿足社會需求的標準化形式。

簡化的基本方法是通過標準化活動把多餘的、可替換的、低功能的環節剔除，精煉出高效能的能滿足全面需要所必要的環節。在科學的基礎上，通過合理的簡化，去掉不必要的商品類型以及同類商品中多餘的、重複的和低功能的商品品種，使商品的功能增加、性能提高、品種構成合理、趨於優化和形成系列，從而為新的商品類型、品種、規格的出現掃清障礙，為商品多樣化的發展和滿足社會的多樣化需求創造條件。

2. 統一化

統一化是指把同類商品兩種以上的表現形態歸並為一種或限定範圍內的商品標準化形式。它是商品標準化活動中內容最廣泛、開展最普遍的一種形式。統一化的實質是商品的形式、功能（效用）或其他技術特徵具有一致性，並把這種一致性通過標準化以定量化的形式確定下來。統一化的目的在於消除由於不必要的多樣化而造成的混亂，為人類的正常活動建立共同遵循的秩序。如統一商品名稱，可以避免出現商品"一物多名"或"一名多物"的混亂現象。

在商品標準化活動過程中需要統一的對象很多，如名稱、概念、代號、編號、符號、術語、質量指標、檢驗方法、操作規程、包裝和儲運條件、質量管理等。隨著社會生產的日益發展，生產經營過程之間的聯繫日益複雜，尤其在國際經濟技術交流日益擴大的情況下，需要統一的對象越來越多，統一的範圍也越來越廣。

3. 系列化

系列化是指對同一類商品中的一組商品同時進行標準化的一種形式，它是標準化的高級形式。通過對同一類商品發展規律的分析研究、國內外產需發展趨勢的預測，結合我國生產技術條件，經過全面的技術經濟比較，將商品的主要參數、型式、尺寸、基本結構等做出合理的安排與規劃，以協調同類商品的配套商品直接的關係。因此，系列化是使某一類商品系統的結構優化、功能最佳的標準化形式。

商品的基本參數是商品基本性能或基本技術特性的標誌，是選擇或確定商品功能範圍、規格尺寸的基本依據。基本參數系列確定得是否合理，不僅關係到這種商品與相關商品之間的配套協調，而且在很大程度上影響企業的經濟效益以及社會效益。制定基本參數系列包括選擇基本參數和主參數、確定主參數和基本參數的上下限、確定參數系列等步驟。主參數是各項參數中起主導作用的參數，它應是商品中最穩定、最能反應商品基本特性的參數。經過技術、經濟比較，從幾個可行方案中選定最優參數方案。

4. 通用化

通用化是指在互相獨立的系統中，選擇和確定具有功能互換性或尺寸互換性的子系統或功能單元的標準化形式。通用化要以互換性為前提。互換性指的是不同時間、不同地點制造出來的商品或零件，在裝配、維修時不必經過修正就能任意替換使用的性質。商品通用化的程度越高，生產的機動性越大，對市場的適應性也越強，商品的銷路就越廣，有利於提高企業和商品的競爭能力和經濟效益。

通用化的一般方法是：在商品系列設計時要全面分析商品的基本系列和變型系列中零部件的共性與個性，從中選擇具有共性的零部件為通用件或標準件；在單項設計某一商品時，盡量採用已有的通用件；新設計零部件時，要充分考慮到能為以後的新商品所採用，逐漸發展為通用件或標準件；對現有商品進行革新改造時，可根據生產、使用、維修過程中積累的經驗，對零部件進行分析、試驗，最終達到通用，這也是對老商品革新改進的一項內容。

5. 組合化

組合化是指按照標準化的原則，設計並制造出一系列通用性較強的單元（標準單元），根據需要組合成不同用途的商品的一種標準化形式。組合化是建立在系統的分解與組合的理論基礎上的。把若干準備好的標準單元、通用單元和個別的專用單元按新系統的要求有機地結合起來，組成一個具有新功能的新系統，即為組合。

在產品設計、生產和使用過程中，都可以運用組合化的方法。組合化的內容，主要是選擇和設計標準單元和通用單元。其程序為：確定其應用範圍、劃分為組合元、編排組合型譜、檢驗組合元是否能完成各種預定的組合，最後設計組合元件並制定相應的標準。根據標準預先制造和儲存一定數量的標準組合元，根據需要組裝成不同用途的商品。組合化的原理和方法，已被廣泛應用於機械類商品和儀器儀表的制造、家具和工藝裝備的制造與使用、建築業等。

第四節　商品質量認證

一、認證的產生與發展

1. 認證的產生

認證是隨著現代工業的發展，作爲一種外部質量保證的手段逐漸發展起來的。在現代認證產生之前，供方或賣方爲了推銷其產品，往往採取"合格聲明"的方式，以博取需方或買方對其產品質量的信任。這對質量特性比較簡單的產品而言，不失爲一種增強需方或買方購買信心的有效手段。但隨著科學技術的發展，產品的結構和功能日趨複雜，僅憑需方或買方的知識和經驗很難判斷產品是否符合規定的要求，加之供方或賣方的"合格聲明"並不總是可信的，於是供方的這種聲明的信譽作用逐漸下降。在此情況下，爲給需方帶來方便、提高採購效率並且節省費用、降低成本，同時有利於供方提高信譽、開拓與占領市場，由公正的第三方來證實產品質量的現代認證制度便應運而生。

2. 現代認證的發展

現代的第三方認證制度起始於英國。英國標準協會（BSI）1903年對英國鐵軌進行了認證並授予世界第一個認證標誌——風箏標誌（BS標誌），開創了認證制度的先河。從20世紀30年代開始，認證得到了較快的發展，到20世紀50年代已普及到所有工業發達國家。從20世紀70年代起，認證開始跨越國界，建立起若干區域認證制度和國際認證制度，如歐洲電子元器件認證制度、歐洲標準化委員會認證委員會的合格認證制度、國際電工產品安全認證制度等，使認證成爲國際貿易中消除非關稅壁壘的一種手段，促進了國際貿易的發展。

隨著時間的推移，認證制度本身也有了較大的發展。起初僅對產品本身進行檢驗和試驗，之後，認證機構增加了對供方質量保證能力的檢查和評定，以及獲證後的定期監督，從而證明供方的產品持續符合標準的要求。到20世紀70年代，出現了單獨對供方質量管理體系進行評定的認證形式，即質量體系認證。

爲了避免因各國採用的技術標準和實行的認證制度不同而形成新的貿易壁壘，適應國際質量認證的需要以及協調和推動質量認證工作，國際標準化組織（ISO）於1971年建立了認證委員會（CERTICO），1985年更名爲合格評定委員會（CASCO），將認證制度從產品認證進一步擴展到質量體系認證。20世紀70年代，國際標準化組織建立ISO/TC176質量保證技術委員會，後頒布了1987版的ISO9000族質量管理體系標準，並於1994年、2000年、2008年修改和完善了ISO9000族質量管理體系。

1993年ISO成立了ISO/TC207環境管理委員會，1996年，ISO/TC207頒布ISO14001《環境管理體系——規範及使用指南》標準，它是ISO14000系列中唯一用於環境管理體系認證的標準。2005年，ISO又發布了國際標準ISO22000《食品安全管理體系要求》，使依據該國際標準的食品安全管理體系認證制度在全球範圍內得到重視和發展。

二、認證的概念與種類

1. 認證的概念

國際標準化組織給現代商品質量認證所下的定義是：由可以充分信任的第三方證實某一經鑒定的產品或服務符合特定標準或其他技術規範的活動。我國產品質量認證管理條例對其的定義是：依據產品（商品）標準和相應的技術要求，經認證機構確認並通過頒布認證證書和認證標誌來證明某一產品（商品）符合相應標準和相應技術要求的活動。

理解這一概念應當把握幾點：①商品質量認證的對象是產品（商品）或服務。這里的產品是各種有形產品，也是目前世界各國實行質量認證的主要對象。②商品質量認證的基礎是標準和技術規範。商品質量認證的依據是國家正式發布的標準和技術規範。③商品質量認證的證明方式是合格證書（認證證書）或合格標誌（認證標誌）。④商品質量認證的認證機構是可以充分信任的第三方。⑤商品質量認證的內容可以分爲"質量認證""安全認證"和"綜合認證"。

2. 認證的種類

(1) 按照認證的對象劃分。

按照認證的對象劃分，認證可分爲產品認證、服務認證和管理體系認證三類。產品認證是指依據產品標準和相應技術要求，經認證機構按照一定程序規則確認並通過頒發認證證書和認證標誌來證明某一產品符合相應標準和技術要求的合格評定活動。服務認證是認證機構按照一定的程序規則，證明服務符合相關的服務質量標準要求的合格評定活動。管理體系認證是指認證機構依據標準對相關組織（企業、機關等實體）的管理能力、管理過程進行審核（評價），並通過頒發認證證書證明其符合相應標準要求的合格評定活動。

(2) 按照認證的性質或約束力劃分。

按照認證的性質或約束力劃分，認證可分爲強制性認證和自願性認證兩類。強制性認證是對涉及國家安全、人體健康或安全、動植物生命或健康以及環境保護的產品，依照法律、行政法規或強制性標準實施的一種產品合格評定活動。它要求產品必須符合對應的標準或技術法規。自願性認證是組織根據組織本身或其顧客、相關方的要求，自願委託第三方認證機構開展的合格評定活動。自願性認證多是管理體系認證，也包括企業對未列入強制性產品認證（CCC）目錄的產品所申請的認證。

(3) 按照認證的目的劃分。

按照認證的目的劃分，認證可分爲節能認證、節水認證、EMC 認證等。節能認證是指依據相關的節能產品認證標準和技術要求，按照國際上通行的產品質量認證的規定與程序，經節能產品認證機構確認並通過頒發認證證書和節能標誌，證明某一產品符合相應標準和節能要求的合格評定活動。節能認證採用自願原則。節水認證是指依據相關的標準和技術要求，經節水產品認證機構確認並通過頒布節水產品認證證書和節水標誌，證明某一認證產品爲節水產品的合格評定活動。目前我國的節水產品認證採用自願性原則。EMC 認證是指依據相關的電氣電子產品的電磁兼容（EMC）標準和技術要求，通過電磁兼容設計檢查和按照規定的抽樣及判定規則進行 EMC 檢驗（包含電磁干擾 EMI 和電磁抗擾度 EMS 兩項）等程序，經 EMC 認證機構確認並通過頒發 EMC 認證證書和認證標準，證明某一認證產品符合相應標準和技術要求的合格評定活動。EMC 屬於強制性認證，其定義爲"設備和系統在其電磁環境中能正常工作且不對環境中任何事物構成不能承受的電磁騷擾的能力"。它包含兩個方面的意思：首先，該設備應能在一定的電磁環境下正常工作，即該設備應具備一定的電磁抗擾度（EMS）；其次，該設備自身產生的電磁騷擾不能對其他電子產品產生過大的影響，即電磁干擾（EMI）。

三、認證機構及標誌

1. 我國的認證機構及標誌

我國的商品質量認證工作起步較晚，1994 年，中國質量體系認證機構國家認可委員會成立，2001 年，國家質量技術監督局與國家出入境檢驗檢疫局合併，組建中華人民共和國國家質量監督檢驗檢疫總局（簡稱國家質檢總局），並新成立國家認證認可監督管理委員會，該委員會在國家質檢總局的管理下，統一管理、監督和綜合協調全國認證認可工作。早期，我國的認證標誌有方圓認證標誌、電工產品認證標誌（長城標誌）、電子元件質量認證標誌（PRC 標誌）等。2002 年 5 月 1 日實施新的強制性產品認證制度，新的國家強制認證標誌的名稱爲"中國強制認證"，英文名稱爲"China Compulsory Certification"，英文縮寫爲"CCC"，即"3C 認證"，逐步取代了原有的"長城"標誌和"CCIB"標誌。國家對強制性產品認證實施統一目錄、統一標準、技術法規、合格評定程序，統一認證標誌，統一收費標準的"四個統一"。自 2003 年起，凡列入強制性產品認證目錄中的產品必須獲得強制性產品認證證書並加貼中國強制性產品認證標誌方可出廠銷售和在經營活動中使用。

我國的商品質量認證分爲強制性安全認證和自願性合格認證。凡有關人身安全和健康的商品強制實行安全認證，其他商品實行自願合格認證。目前，我國權威的認證標誌有"3C 認證""方圓認證""QCCECC（中國電子元器件質量認證）""CCEE（中國電工產品認證）"等。參見圖 4-6。

方圓認證標誌　　CCEE 安全認證標誌　　3C 強制認證標誌　　食品安全認證標誌

圖 4-6　中國權威認證標誌

2. 常見的國際認證機構及標誌

(1) 國際標準化組織合格評定委員會（ISO/CASCO）。

ISO 理事會爲了協調各國認證工作，促進各國認證制度間的相互認可，減少國際貿易中的技術壁壘，與 1970 年成立了認證委員會（Committee on Certification，CERTICO）。隨著其工作任務的發展，1985 年改名爲合格評定委員會（Committee on Conformity Assessment，CASCO），它是國際化標準組織中專門從事合格認證、實驗室認可、質量體系評定工作的機構。

(2) 國際電子元器件質量認證組織（IECQ）。

國際電子元器件質量認證組織是經 IEC 授權建立的對電子元器件實行國家質量認證的國家認證組織，主要工作機構有認證管理委員會（最高權力機構）、檢查協調委員會（監督質量評定程序規則並提出有關建議和決議的機構）。

(3) 國際電工產品安全認證組織（IECEE）。

國際電工產品安全認證組織是由 IEC 於 1985 年建立的關於電工產品安全認證的國際組織。IECEE 實施認證的電工產品有 14 大類。

(4) 歐洲標準化委員會的認證機構（CENELEC）。

1970 年歐洲電工標準化委員會建立了歐洲電子元器件質量評定體系，並成立了電子元器件委員會（CECC），負責 CECC 體系工作。此外，歐盟還制定了"CE"標誌。"CE"標誌是證明相關產品符合安全、衛生、環保和消費者保護要求的合格認證標誌。只有當產品符合規定的有關安全、衛生、環保、保護消費者的一系列有關標準規定時，方準加貼"CE"標誌，允許其在歐洲市場上銷售。國際常見的認證標誌如圖 4-7 所示。

歐盟 CE 認證	美國 UL 標誌	國際電工 CB 認證	法國標準化協會 NF 標誌
北美安全標誌	德國安全認證標誌	日本 JIS 標誌	英國標準化協會 BS 標誌

圖 4-7　常見國際認證機構及標誌

案例學習：

突圍"綠色貿易壁壘"

　　近年來，我國形成了龐大的家電生產能力，並已成爲全球最大的五金家電制造業國家。目前，我國擁有各類小家電生產企業5 000多家。2010年我國的家電產值占全球市場的85%，家電出口額占全球出口額的30%。但目前我國家電出口多以貼牌、低端產品爲主，產品出口面臨核心技術缺失、標準意識缺乏、品牌國際影響力不足三大"瓶頸"，在出口北美、歐盟等高端市場時，頻頻遭遇"綠色壁壘"。

　　隨著國外"綠色壁壘"的日益增多，要求愈來愈嚴，加上通脹壓力、原材料價格上漲、人工成本增加和市場競爭的日趨激烈，我國作爲全球五金制造中心的地位面臨嚴峻考驗，加快工業化進程仍將是中國未來相當長時期內一項戰略任務。國際模具及五金塑膠產業供應商協會秘書長羅百輝表示，中國將根據工業化進程和消費結構升級的要求，調整工業結構，優化工業布局，引導地區間產業有序轉移，改善產業組織結構，推動協調發展。在此基礎上，中國將主要從規模擴張、過度消耗能源資源的粗放型發展向註重效率、質量和效益的可持續發展轉變。

　　近期，不少發達國家以保護環境和節約能源爲由，紛紛制定和頒布了一系列高於發展中國家的環境質量法規標準，爲家電產品進入該國市場設置新的"綠色門檻"，推行"綠色"市場準入、知識產權、碳關稅等問題相互交織，削弱了我國家電產業的國際競爭力。"綠色壁壘"將是我國家電出口中最爲艱難但又必須跨越的一道門檻，需引起檢驗檢疫等政府職能部門和外貿出口企業的高度關註，並積極應對。

思考題：

1. 商品標準有哪些分類？
2. 我國商品標準是如何分級的？
3. 商品標準化的形式與方法是什麼？
4. 我國常見的認證機構和標誌有哪些？

第五章　商品檢驗與評價

學習目標：

1. 瞭解商品檢驗的概念、依據與形式。
2. 瞭解商品檢驗的一般程序與內容。
3. 掌握商品檢驗的基本方法、商品抽樣的方法。
4. 掌握商品質量的分級及質量評價的方法。

第一節　商品檢驗概述

一、商品檢驗的概念

國家標準 GB/T6583-92 和國際標準 ISO8402-86 中對檢驗的定義爲：對產品或服務的一種或多種特徵進行測量、檢查、試驗、度量，並將這些特性與規定的要求進行全面比較以確定其符合性的活動。

對商品檢驗還可以更明確地定義爲：商品的產方、賣方或第三方在一定條件下，借助某種手段和方法，按照合同、標準或國際、國家的有關法律、法規、慣例，對商品的質量、規格、數量以及包裝等方面進行檢查，並做出合格與否或通過驗收與否的判定，或爲維護買賣雙方合法權益，避免或解決各種風險和責任劃分的爭議，便於商品交接結算而出具各種有關證書的業務活動。

爲更好地理解商品檢驗的概念，需要關註以下四個重點：一是商品檢驗的主體，它包括商品的供貨方、購貨方或者第三方；二是商品檢驗的對象，指商品的各種特性，如商品的質量、規格、重量、數量以及包裝等；三是商品檢驗的依據，含合同、標準或國際、國家有關的法律、法規、慣例等對商品的要求；四是商品檢驗的目的，是用科學的檢驗技術和方法，正確地評定商品質量，或爲維護買賣雙方合法權益，避免或解決各種風險、責任劃分而出具有關證書。

二、商品檢驗的形式

1. 按目的不同劃分

按目的不同分爲生產檢驗、驗收檢驗和第三方檢驗。生產檢驗又稱第一方檢驗、賣方檢驗，是商品生產者爲了維護企業信譽、保證商品質量，對原材料、半成品和成品進行檢驗的活動。生產檢驗合格的商品往往用"檢驗合格證"加以標誌。

驗收檢驗又稱第二方檢驗、買方檢驗，是指商品的買方為了維護自身及顧客的利益，保證所購商品的質量滿足合同的規定或標準的要求所進行的檢驗活動。

第三方檢驗又稱法定檢驗、公正檢驗，是指以公正、權威的非當事人身份，根據法律、法規、合同或標準所進行的商品檢驗。其目的在於維護各方面的合法權益和國家利益，協調矛盾，使商品的交易活動能夠順利而有序地進行。

2. 按檢驗對象的流向劃分

按檢驗對象的流向可劃分為內銷商品檢驗和進出口商品檢驗。內銷商品檢驗是指國內的經營者、用戶、內貿局及其下屬部門的商品質量管理機構與檢驗機構或國家質量技術監督局及其所屬的商品質量監督管理機構與其認可的商品質量檢驗機構，根據國家法律、法規、有關技術標準或合同對內銷商品所進行的檢驗活動。

進出口商品檢驗是指由出入境檢驗檢疫機構（即國家出入境檢驗檢疫局在省、自治區、直轄市以及進出口商品口岸、集散地設立的出入境檢驗檢疫局及其分支機構）和國家出入境檢驗檢疫局（原國家商檢局）及其分支機構所指定的檢驗機構按照有關的法律、法規、合同規定、技術標準、公約與國家貿易慣例等，對進出口商品所進行的檢驗活動。具體包括法定檢驗、鑒定檢驗和監督檢驗三種。

3. 按檢驗有無破壞性劃分

按檢驗有無破壞性可劃分為破壞性檢驗和非破壞性檢驗。破壞性檢驗是指為了取得必要的質量信息，經測定、試驗後的商品遭受到破壞的檢驗。破壞性檢驗只有將受檢驗樣品破壞後才能進行檢驗，受檢樣品被破壞或消耗後將完全喪失原有的使用價值。如金屬材料的拉伸試驗、電子設備的加速惡化試驗、汽車碰撞試驗、食品營養成分檢驗等均屬於破壞性試驗。

非破壞性檢驗是指商品經測定試驗後，其功能水平仍能正常使用的檢驗，也稱無損檢驗。最簡單的無損檢驗就是利用目視檢查是否存在結構、外觀上的異常，目視無法檢測的問題，還可以利用非破壞性儀器進一步協助檢驗。如水管、氣管的壓力檢驗，焊接點的超聲探測檢驗。很多非破壞性檢驗儀器可進行現場檢測，也可移動檢測，是值得提倡的檢驗方法。

4. 按檢驗對象的數量劃分

按檢驗對象的數量可分為全數檢驗、抽樣檢驗和免於檢驗。全數檢驗又稱百分百檢驗，是指對被檢的商品逐個（逐件）地進行檢驗。全數檢驗能提供較多的質量信息，給人心理上的放心感，缺點是檢驗量大、費用高，易造成檢驗人員疲勞，出現漏檢和錯檢。全數檢驗適用於批量小、質量特性少且穩定、較貴重的產品。

抽樣檢驗是指按照事先已確定的抽樣方案，從被檢批商品中隨機抽取少量樣品，組成樣本，再對樣品逐一測試，並將檢驗結果與標準或合同技術要求進行比較，最後由樣本質量狀況統計推斷受檢批商品整體質量是否合格的檢驗。其特點是抽檢商品數量較少，節約費用，同時也具有一定的科學性和準確性，但提供的質量信息相對較少。抽樣檢驗適用於批量大、價值低、質量特性多但較穩定的產品。

免於檢驗是指對生產技術和檢驗條件較好，質量控制具有充分保證，成品質量長期穩定的生產企業的商品，在企業自檢合格後，商業和外貿部門可以直接收貨，免於檢驗，但對涉及安全、衛生及有特殊要求的商品不能申請免於檢驗。

第二節　商品檢驗的方法

　　商品檢驗的方法很多，根據所用的器具、原理和條件，主要分爲感官檢驗法和理化檢驗法。這兩種檢驗方法在實際工作中是按照商品的不同質量特性進行選擇和相互配合使用的。

一、感官檢驗法

　　感官檢驗是指在一定條件下，運用人的感覺器官和實踐經驗來檢測、評價商品質量的一種方法。具體地說就是利用人的感覺器官作爲檢驗器具，即用人的眼、耳、口、鼻、手的感知，去判斷或評價商品的色、香、味、形、手感、聲音、包裝和裝潢等的質量情況，並對商品的種類、品種、規格、性能等進行識別。

　　感官檢驗法的優點是：簡便易行，快速靈活；不需要專門的儀器設備或特定場所；不易損壞商品體；成本較低且適用範圍廣。其在食品、化妝品、藝術品商品的檢驗中就顯得特別重要，也適用於目前還不能用儀器進行的檢驗。感官檢驗法的缺點是：不能檢驗商品的內在質量；檢測的結果受檢驗人員的技術水平、工作經驗及客觀環境因素的影響而有一定的主觀片面性，很難用準確的數字表達。但是，隨著現代感官檢驗技術和應用科學的發展，感官檢驗正在克服傳統感官檢驗缺乏科學性、客觀性和可比性的缺點，從經驗上升爲理論，具有了一套根據心理原理，設計並運用了統計學的方法分析、處理感官檢驗數據的基礎方法，將不易確定的商品感官檢驗的指標客觀化、定量化，從而使感官檢驗更具有可靠性和可比性。

　　按照人的感覺器官的不同，感官檢驗法分爲視覺檢驗、聽覺檢驗、嗅覺檢驗、味覺檢驗、觸覺檢驗等。

　　1. 視覺檢驗法

　　視覺檢驗就是用人的視覺來檢驗商品的外形、結構、顏色、光澤以及表面狀態、疵點等質量特性。光線的強弱、照射的方向、背景對比以及檢驗人員的生理、心理和專業能力等都會對視覺檢驗效果產生影響。爲了提高視覺檢驗的可靠性，視覺檢驗必須在標準照明（非直射典型日光或標準人工光源）條件下和適宜的環境中進行，並且應對檢驗人員進行必要的挑選和專門的訓練。

　　2. 聽覺檢驗

　　聽覺檢驗是指憑藉人的聽覺器官（耳）來檢查商品的質量。如從敲擊聲中檢查玻璃制品、瓷器、金屬制品等是否存在裂紋和缺陷；評價以聲音作爲重要指標的樂器、收錄音機、音響的音質音色及機電商品的噪聲；評定食品的成熟度、新鮮度、冷凍程度等。與其他感覺檢驗一樣，聽覺檢驗也需要適宜的環境條件，力求安靜，避免外界因素對聽覺靈敏度的影響。

3. 嗅覺檢驗

嗅覺檢驗是指通過嗅覺檢查商品的氣味，進而評價商品的質量。嗅覺對於人類來說屬於較退化的一種感覺技能，目前廣泛應用於食品、藥品、化妝品、家用化學制品、香精、香料等商品的質量檢驗，並且對於鑒別紡織纖維、塑料等燃燒後的氣味差異也有重要意義。爲保證嗅覺檢驗的工作質量，必須對檢驗人員進行測試、培訓，在檢驗中還應避免檢驗人員的嗅覺器官長時間與強烈的揮發物質接觸，並注意採取措施防止串味現象。

4. 味覺檢驗

味覺檢驗是指利用人的味覺來檢查有一定滋味要求的商品（如食品、藥品等）。人的基本味覺有甜、酸、苦、咸四種，其餘都是混合味覺。味覺常同其他感覺，特別是與嗅覺、膚覺相聯繫，如辣覺就是熱覺、痛覺和基本味覺的混合。此外，人體疾病、味刺激的溫度、時間等因素也對味覺的感受性有顯著影響。爲了順利地進行味覺檢驗，一方面要求檢驗人員必須具有辨別基本味覺特徵的能力，並且被檢樣品的溫度要與對照樣品溫度一致；另一方面要採用正確的檢驗方法，遵循一定的規程，如檢驗時不能吞咽物質，應使其在口中慢慢移動，每次檢驗前後必須用水漱口。

5. 觸覺檢驗

觸覺檢驗是指利用人的觸覺感受器（手），對被檢商品進行觸摸、按壓或拉伸來評價商品的質量。觸覺是皮膚感覺的一種，是皮膚受到機械刺激而引起的感覺，包括觸壓覺和觸摸覺。此外，皮膚的痛覺、熱覺、冷覺等也參與感官檢驗。實踐證明，人的手指和頭面部的觸覺感受性較高，目前主要用於檢查紙張、塑料、紡織品以及食品的表面特性、強度、厚度、彈性、緊密程度、軟硬度等質量特性。觸覺檢驗時，應注意環境條件的穩定和保持手指皮膚處於正常狀態，並加強對檢驗人員的專門培訓。

二、理化檢驗法

理化檢驗是指在一定的實驗室環境條件下，利用各種儀器、器具和試劑，運用物理、化學的方法來測定商品質量的方法。理化檢驗主要用於商品的成分、結構、物理性質、化學性質、安全性、衛生性以及對環境污染和破壞性等方面的檢驗。理化檢驗與感官檢驗相比，其結果可以用數據定量表示，較爲準確客觀，但要求有一定的設備和檢驗條件，同時對檢驗人員的知識和操作技術也有一定的要求。理化檢驗法可分爲物理檢驗法、化學檢驗法、生物學檢驗法。

1. 物理檢驗法

物理檢驗法因其檢驗商品的性質和要求不同、採用的儀器設備不同又可分爲一般物理檢驗法、力學檢驗法、光學檢驗法、熱學檢驗法、電學檢驗法等。

（1）一般物理檢驗法。一般物理檢驗法是指通過各種量具、量儀、天平、秤或專業儀器來測定商品的長度、細度、面積、體積、厚度、重量（質量）、密度、容量、粒度、表面光潔度等一般物理特性的方法。這些基本的物理量往往是商品貿易中的重要交易條件。

（2）力學檢驗法。力學檢驗法是指通過各種力學儀器測定商品的力學（機械）性能的檢驗方法。這些性能主要包括商品的抗拉強度、抗壓強度、抗彎曲強度、抗衝擊強度、抗疲勞性能、硬度、彈性、耐磨性等。商品的機械性能與商品的耐用性能密切相關。

（3）光學檢驗法。光學檢驗法是指利用光學儀器（光學顯微鏡、折光儀、旋光儀等）來檢驗商品質量的方法。光學顯微鏡主要用來觀察、測量商品的細微結構，並根據這些形態結構特性，進一步鑒定商品的種類和使用性能。折光儀用於測定液體的折光率，在中間產品的質量控制和成品的質量分析中有重要的作用，例如鑒定植物油的摻假或變質。旋光儀通過對旋光性物質（分子中含有不對稱碳原子的有機物，如蔗糖、葡萄糖、薄荷腦等）的旋光度進行測定，可鑒定旋光性物質的純度。

（4）熱學檢驗法。熱學檢驗法是指使用熱學儀器測定商品的熱學特性的方法，這些特性包括熔點、凝固點、沸點、耐熱性等。玻璃和搪瓷制品、金屬制品、化妝品、化工商品、塑料制品、橡膠制品以及皮革制品等，它們的熱學性質都與商品的質量和品種有關。

（5）電學檢驗法。電學檢驗法是指利用電學儀器測定商品的電學特性（電阻、電容、介電常數、電導率、靜電電壓半衰期等）的方法。通過商品的某些電學特性如電阻、電容等的測量，還可以間接測定商品的其他特性，如吸濕性、材質的不均率等。

2. 化學檢驗法

化學檢驗法是指用化學試劑和化學儀器對商品的化學成分及其含量進行測定，進而判定商品是否符合規定的質量要求的方法。依據操作方法的不同，化學檢驗法可分爲化學分析法和儀器分析法。

（1）化學分析法。化學分析法是指根據已知的能定量完成的化學反應進行分析的方法。依其所用的測定方法的不同，又可分爲重量分析法、容量分析法和氣體分析法。重量分析法是一種較準確的分析法，它選擇某種試劑與被測定成分進行反應，產生一種難溶的沉澱物，再通過過濾、洗滌、干燥、灼燒等過程，使沉澱物與其他成分分離，然後根據這種沉澱物的重量計算被測定成分的含量。容量分析法是指在被測定成分溶液中，滴加一種已知準確濃度的試劑（標準溶液），根據它們反應完全時所消耗標準溶液的體積計算出被測成分的含量。容量分析法操作簡便，並能達到一定的準確度，應用非常廣泛。氣體分析法是指用適當的吸收劑吸收試樣（混合氣體）中的被測成分，根據氣體體積的變化來確定被測成分的含量。

（2）儀器分析法。儀器分析法是指利用能直接或間接地表徵物質各種特性（如物理的、化學的、生物性質等）的實驗現象，通過探頭或傳感器、放大器、分析轉化器等轉變成人可直接感受的已認識的關於物質成分、含量、分布或結構等信息的分析方法。儀器分析，實質上是物理和物理化學分析，即根據物質的某些物理特性與成分之間的關係，不經化學反應直接鑒定，或根據被測物質在化學變化中的物理關係進行鑒定的方法。進行物理或物理化學分析時，都需要精密儀器進行測試，故此類分析法又叫儀器分析法。

與化學分析法相比較，儀器分析法靈敏度高、選擇性好，且操作簡便，分析速度快，容易實現自動化。隨著科學技術的不斷發展，對分析的要求也越來越高，不僅要求分析的準確度和靈敏度高，而且對完成分析工作的速度也提出了更高的要求。重量分析和容量分析，其準確度較高，能滿足科研和生產需要。但由於分析時間太長，有時不能達到及時指導生產的作用，同時在靈敏度方面亦達不到要求。如有些含量低的成分在百萬分之幾的範圍內，無論用重量分析或容量分析都達不到這個要求，儀器分析則解決了上述分析方法之不足。當然，由於儀器價格較貴，對操作人員要求較高，從而其應用亦有一定的局限性。

3. 生物學檢驗法

生物學檢驗法是食品類、醫藥類和日用工業品類商品等質量檢驗的常用方法之一，它包括微生物學檢驗法和生理學檢驗法。

（1）微生物學檢驗法。微生物學檢驗法是利用顯微鏡觀察法、培養法、分離法和形態觀察法等，對商品中有害微生物存在與否及其存在數量進行檢驗，並判定其是否超過允許限度。這些有害微生物包括有害的細菌（如大腸杆菌、金黃葡萄球菌）、病毒、真菌、放線菌等。

（2）生理學檢驗法。生理學檢驗法用於檢驗食品的可消化率、發熱量、維生素和礦物質對機體的作用以及食品和其他商品中某些成分的毒性等。該法多用活體動物進行試驗。只有經過無毒性試驗後，視情況需要並經有關部門批準後，才能在人體上進行試驗。

第三節　商品檢驗的程序和內容

一、商品檢驗的程序

商品質量檢驗的一般程序爲：定標→抽樣→檢查→比較→判定→處理。

1. 定標

定標是指檢驗前應根據合同或標準明確技術要求，掌握檢驗手段和方法以及商品合格判定原則，制定商品檢驗計劃，並確定檢驗批。檢驗批是指一次檢驗的所有商品構成的整體。正確確定檢驗批對於簡化檢驗結果的處理，確切反應商品質量有着重要的意義。確定檢驗批必須遵循一定的準則：同一檢驗批的商品必須是同品種、同規格、同花色、同進貨批次；對標有質量等級的商品，必須是同一質量等級。

2. 商品抽樣

商品抽樣是指在檢驗整批商品質量時，按合同或標準規定的抽樣方案，用科學的隨機抽取方法，從中抽取具有代表性的一定數量的樣品，作爲評定該批商品質量的依據的工作。在實際工作中，對商品質量進行抽樣檢驗，首先要確定抽樣方案，如按質量特徵，可分爲計數抽樣和計量抽樣；按商品批量可分爲百分比抽樣和隨機抽樣。

3. 檢查、比較與判定

檢查是指在規定的環境條件下，用規定的試驗設備和試驗方法檢測樣品的質量特性。比較是指將檢驗的結果同要求進行比較，衡量其結果是否合乎質量要求，進而根據合格判定原則判定商品批是否合格，並做出是否接收的結論。

4. 處理

處理是指對檢驗結果出具檢驗報告，反饋質量信息，並對合格品及不合格品分別做出處理。最終只有合格品才能正常進入市場流通。

二、商品抽樣的方法

抽樣也稱取樣、採樣、揀樣。抽樣是爲了檢驗某批商品的質量，從同批同類商品中，用科學的方法抽取具有代表性的一定數量的樣品，作爲評定該批商品質量的依據，這種抽取樣品的工作，稱爲抽樣。被檢批商品應爲同一來源、同質的商品，通常以一個訂貨合同爲一批，若同批質量差異較大、訂貨量很大或連續交貨，也可分爲若干批。批量大小應由商品特點和生產、流通條件決定。體積小、質量穩定的，批量可大一些；反之，批量可小一些。

抽樣的目的在於用盡量小的樣本所反應的質量狀況，來推斷整批商品的質量。因此，用什麼方法抽樣，對準確判定整批商品的平均質量十分重要。目前普遍採用隨機抽樣的方式。隨機抽樣是指抽樣中不帶任何主觀偏見，完全用隨機的方法抽出樣品的方法。隨機抽樣的方法主要有簡單隨機抽樣、分層隨機抽樣、等距（系統）隨機抽樣和階段性隨機抽樣等形式。

1. 簡單隨機抽樣法

簡單隨機抽樣法又稱單純隨機抽樣法，它是指對整批同類商品不經過任何分組、劃類、排序，直接從中按隨機抽取原則抽取檢驗樣品。一般情況下，被檢批的批量較小時，將批中各單位商品編碼，利用抽簽、隨機數表或計數器產生的隨機數字確定抽取的樣品，應用時須先對商品進行編號。但當批量較大時，則無法使用這種方法。

2. 分層隨機抽樣法

分層隨機抽樣法又稱分組隨機抽樣法、分類隨機抽樣法，是指將整批同類商品按主要標誌分成若干個組，然後從每組中隨機抽取若干樣品，合在一起組成一個樣本。這種方法尤其適用於批量較大且質量也可能波動較大的或來自不同生產線的商品。分層隨機抽樣的樣本有很好的代表性，是目前使用較多的一種抽樣方法。

3. 等距隨機抽樣法

等距隨機抽樣法又稱系統隨機抽樣法、規律性隨機抽樣法，是指按一定的規律從整批商品中抽出樣品的方法。其具體做法是：先對整批商品進行編號，然後任選一個數字作爲抽樣基準號碼，再按事先定好的規則推算出應抽取樣品的編號，以確定並抽取出全部需要的樣品。此法獲得的樣品在整批商品中分布比較均勻，具有較好的代表性。此法適用於較小批量商品的抽樣，但不宜用於產品質量缺陷規律性出現的商品的抽樣。

4. 階段性隨機抽樣法

階段性隨機抽樣法又稱多階段隨機抽樣法、分段隨機抽樣法，是指先從整批同類商品中隨機抽取若干個小部分，然後從每個小部分中進一步隨機抽取若干個商品爲樣品，最後將各個小部分的樣品放在一起作爲整批商品的檢驗樣品的抽樣方法。此法適用於一個大包裝內有若干個獨立小包裝的商品（如牙膏、香皂、襯衫、聽裝食品等）的抽樣。

三、商品檢驗的內容

1. 商品質量檢驗

商品質量檢驗也稱商品品質檢驗，是指根據有關標準的規定或貿易合同的規定，運用各種檢驗手段，對商品的品質、規格、等級等進行檢驗，以便確定其是否符合購銷合同、標準等規定。品質檢驗大體上包括外觀質量檢驗與內在質量檢驗兩個方面：外觀質量檢驗主要是對商品的外形、結構、花樣、色澤、氣味、觸感、疵點、表面加工質量、表面缺陷等的檢驗；內在質量檢驗一般指對有效成分的種類、含量、有害物質的限量、商品化學成分、物理性能、機械性能、工藝質量、使用效果等的檢驗。

2. 商品重量和數量的檢驗

商品重量和數量是貿易雙方成交商品的基本計量和計價單位，是結算的依據，直接關係到雙方的經濟利益，也是貿易中最敏感而且容易引起爭議的因素之一。重量檢驗是指根據合同規定的計量方式，計量出商品的準確重量。數量檢驗是按照有關的票據對整批商品進行逐一清點，證明其實際裝貨數量。商品的重量和數量檢驗包括商品的體積、容積、重量、個數、件數、長度、面積等。

3. 商品安全衛生檢驗

安全性能檢驗是指根據有關標準或合同的規定，對商品有關安全性能方面的項目進行檢驗，如易燃、易爆、易觸電、X 光輻射等，以保證生命財產的安全。衛生檢驗是指對商品中的有毒有害物質及微生物等的檢驗，主要是依據各類法規對食品、藥品、食品包裝材料、化妝品、玩具、紡織品、日用器皿等進行的衛生檢驗，檢驗其是否符合衛生條件，以保障人民健康和維護國家信譽。如對食品添加劑中鉛、砷、鎘等的檢驗。

4. 商品包裝檢驗

包裝檢驗是指根據購銷合同、標準和其他有關規定，對商品的包裝標誌、包裝材料、種類、包裝方法等進行檢驗，查看商品包裝是否完好、牢固等。先核對包裝上的商品包裝標誌（標記、號碼等）是否與有關標準的規定或貿易合同相符，然後對商品的內外包裝進行檢驗。對進口商品主要檢驗外包裝是否完好無損，包裝材料、包裝方式和襯墊物等是否符合合同規定要求，對外包裝破損的商品，要另外進行驗殘，查明貨損責任方以及貨損程度。對發生殘損的商品要檢查其是否是由於包裝不良所引起。對出口商品的包裝檢驗，除包裝材料和保證方必須符合外貿合同、標準規定外，還應檢驗商品內外包裝是否牢固、完整、干燥、清潔，是否適於長途運輸和符合保護商品質量、數量的要求。

第四節　商品質量的評價

一、商品質量評價的內容

1. 商品質量評價的一般內容

商品質量的評價是一個系統工程,涉及的方面衆多,而且隨著大衆對外觀性質量和社會性質量的日益重視,商品質量的評價範圍更加廣泛。一般而言,商品質量評價包括以下幾個方面:檢查商品質量是否符合標準,以評價商品質量技術指標的高低;考察商品的造型、花色、款式和包裝是否具有時代感,以評價商品滿足消費者審美需要的質量;考察商品使用是否簡便易學、說明書是否清楚易懂,以評價商品的使用方便性;檢查商品證件標誌的完整性,以評價商品質量的真實可靠性;考察商品的售後服務,以評價商品的附加質量;考察商品品牌的知名度,以評價商品的美譽度和消費者的認可度;考察商品各類消費群體的特殊性要求,以評價商品質量滿足具體消費對象需求的程度;考察商品與人、社會和環境的關係,把商品質量放在社會這個大系統中加以評價,以評價商品質量的全面性。

2. 顧客滿意度

商品的質量始於顧客需要,終於顧客滿意水平。誰最瞭解顧客的期望,及時掌握顧客的滿意水平,誰的商品就會受到顧客的歡迎。商品質量將從符合標準逐步發展到使顧客滿意。近年來一些發達的市場經濟國家,正積極研究採用顧客滿意度作爲測定顧客對商品服務的質量指標,它對商品質量的評價着眼於顧客實際感受,體現了一種全新的質量觀念。

顧客滿意度測評的基本要素包括顧客預期質量、顧客感知質量、顧客感知價值、顧客滿意程度、顧客保持率和顧客抱怨率等。顧客滿意有三個前提,即顧客的預期質量、感知質量和感知價值。如果商品的感知質量超過顧客的預期質量,那麼顧客感到有價值,從而感到滿意;如果商品的感知質量沒有達到顧客的預期質量,那麼顧客就不滿意。顧客滿意又與顧客抱怨和顧客忠誠有關,因此,顧客滿意度客觀地反應了消費者對商品質量的滿意程度。

3. 假冒僞劣商品的識別

假冒僞劣商品指含有某種足以導致普通大衆誤認的不真實因素的商品,也是人們對各種假貨、次貨的總稱。在進行商品質量評價時,我們應當正確識別和排除假冒僞劣產品。識別假冒僞劣產品的方法很多,常見的有:

(1) 註冊商標的識別。名優產品的外包裝上都有註冊商標,有的還貼有防僞商標。假冒僞劣產品一般採用假商標、廢商標、舊商標、近似商標,甚至沒有商標,商標製作也呈現出製作粗糙、比例不符、鑲貼不齊、容易脫落、顏色不正、標誌歪斜、無凹凸或易磨損等現象。

(2) 查看外包裝的標記。名優商品在外包裝上都印有商品名稱、生產批號、產品合格證、廠名、廠址、優質產品標誌、認證標誌等；限期商品還標有出廠日期、失效時間、保質期、保存期等。假冒商品的上述標誌往往殘缺不全，或亂用標記，有的無廠名或使用假名。

（3）註意裝潢。名優商品的裝潢表現爲圖案清晰、形象逼真、色彩鮮艷和諧、做工精致、包裝用料質量好；而假冒僞劣產品裝潢的顏色陳舊、圖案模糊、包裝物粗制濫造。

（4）查看商品包裝的封口處。一般情況下，絕大多數名優商品採用機器包裝，不論是箱裝、盒裝、袋裝，均嚴格按裝訂線裝訂，封口處平整、筆直、鬆緊適度。而僞劣商品多採用手工包裝，封口處往往不平整，有折皺或粘貼痕跡。

（5）檢查防偽標記。一些名優商品在商品包裝上的某些特定部位有標誌。近些年來，許多名優商品的廠家，採用特殊材料與技術製作出一些既能證明產品真實身份，又不易被他人假冒的防偽標記，如激光防偽、熒光防偽、水印紙、防偽油墨、雙面對印、磁碼、電碼等。目前，消費者可以通過打電話、上網或其他工具輸入產品密碼，進行防偽核對，辨別產品身份，是較爲實用、經濟和有效的防偽技術。

（6）註意商品的內在質量。最根本的考察還在於商品的內在質量，假冒僞劣產品往往內在質量低劣、功能缺失、易於損壞，表現出與正規商品不相符的質量特性。

二、商品質量的分級

1. 商品分級

品級是依商品品質（質量）高低所確定的等級。根據商品質量標準（包括實物質量標準）和實際質量檢驗結果，將同種商品區分爲若干品質（質量）等級的工作，稱爲商品分級。

商品品質分級通常用"等"或"級"的順序表示，其順序反應了商品品質的高低。例如棉花品級是表示棉花品質的綜合性指標，是對照實物標準進行評定的。目前細絨棉分爲 1~7 級，長絨棉分爲 1~5 級，級數越大，品質越差。又如卷烟分爲甲、乙、丙、丁、戊五個等級，其中甲、乙、丙、丁各級又可分爲一、二級，加上戊級共計九個等級。再如普洱茶按其不同的品質特徵，分爲特級和 1~10 級，等級越低，品質越好。

國家標準《工業產品質量分等導則》（GB/T12707-91）規定了我國境內生產和銷售的工業產品質量等級的劃分和評定原則。它將工業產品的實物質量原則上按照國際先進水平、國際一般水平和國內一般水平三個檔次，相應地劃分爲優等品、一等品和合格品三個等級。這樣有利於從整體上綜合反應我國工業產品質量水平，有助於推動技術和管理進步，促進產品更新換代和提高質量。

商品種類不同，分等（級）的質量特性指標內容也不同。例如：食糖是按其主要成分（蔗糖）含量和雜質含量分級；茶葉按其感官質量指標分級；乳和乳製品則同時按感官指標、理化指標、微生物指標進行分級；粗、精紡呢絨按實物質量、物理指標、染色牢度和外觀疵點綜合確定等級。對每種商品每一等級的具體要求和分級方法，通常在該商品標準中都有規定。

商品分級工作，既有利於促進生產部門加強管理，提高生產技術水平和產品質量，也有利於貫徹優質優價政策，限制劣質商品進入流通領域，便於消費者選購商品，還有利於物價管理和監督，促進商品市場健康發展。

2. 商品分級方法

商品分級方法有很多，主要可歸納爲百分計分法、限定計分法和限定缺陷法三類。

（1）百分計分法。

百分計分法是指按商品的各項質量指標的要求，規定爲一定分數，其中重要的質量指標所占分數較高，次要的質量指標所占分數較低。各項質量指標完全符合標準規定的要求的，其各項質量指標的分數總和爲100分。如果某一項或幾項質量指標達不到標準規定的要求，相應扣分，其綜合分數就要降低。分數總和達不到一定等級的分數線，則相應降低等級。這種方法在食品商品評級中被廣泛採用。

（2）限定計分法。

限定計分法是指將商品的各種質量缺陷（即質量指標不符合質量標準）規定爲一定的分數，由缺陷分數的總和來確定商品的等級。商品的缺陷越多，分數的總和越高，則商品的品級越低。該方法主要用於日用工業品、紡織品等商品的品級劃分。

（3）限定缺陷法。

限定缺陷法是指在標準中規定商品的每個質量等級所限定的質量缺陷的種類、數量、程度以及不允許有哪些質量缺陷。此法多用於膠鞋、玻璃制品、搪瓷制品、陶瓷制品、紙張等商品的品級劃分。

案例學習：

商品檢驗證書帶來的損失

我國某省進出口公司於2009年11月9日與澳大利亞某公司簽訂了一份由我方公司出口化工產品的合同。合同規定的品質規格是：TiO_2含量最低爲98%，重量17.59噸，價格爲CIF悉尼每噸1 130美元，總價款爲19 775美元，信用證方式付款，裝運期爲2009年12月31日之前。檢驗條款規定："商品的品質、數量、重量以中國進出口商品檢驗證書爲最後依據。"

我方收到信用證後，按要求出運貨物並提交了單據，其中商檢證由我國某省進出口商品檢驗局出具，檢驗結果爲TiO_2含量爲98.53%，其他各項指標也符合規定。2010年3月，澳方公司來電反應我方所交貨物質量有問題，並提出索賠。5月2日，澳方公司再次提出索賠，並將澳大利亞商檢部門SGS出具的抽樣與檢驗報告副本傳真給我方。SGS檢驗報告稱根據抽樣調查，貨物顏色有點發黃，有可見的雜質，而TiO_2的含量是92.95%。2010年6月我方公司對澳方公司的索賠作了答復，指出貨物完全符合合同規定，我方有合同規定的商檢機構出具的商檢證書。但澳方認爲，我方貨物未能達到合同規定的標準，理由是：經用戶和SGS的檢驗，證明貨物與合同規定"完全不符"；

出口商出具的檢驗證書不是由合同規定的商檢機構出具的，並且檢驗結果與實際所交貨物不符。後來，本案經我國駐悉尼領事館商務室及貿促會駐澳代表處從中協調，由我方公司向澳方賠償相當一部分損失後結案。

本案是涉及國際貿易商品檢驗問題的典型案例。商品檢驗是國際貨物買賣的一個重要環節，檢驗條款是買賣合同的一項重要條款，商品檢驗是買賣雙方交接貨物、結算貨款、處理索賠和理賠的重要依據。本案中的檢驗條款規定"以中國進出口商品局檢驗證書爲最後依據"，根據該規定，我方出具的某省進出口商檢局檢驗證書不符合合同規定，沒有法律效力，視爲中方公司未提出商檢證明。根據國際貿易慣例，買方有權行使復驗權，並以復驗結果作爲貨物品質規格的依據。根據澳大利亞 SGS 出具的商檢報告，中方公司所交貨物確實與合同不符，所以應當承擔違約責任，賠償澳方損失。

思考題：

1. 商品檢驗的形式有哪些？
2. 舉例說明商品檢驗的方法有哪些。
3. 簡要說明隨機抽樣的類型及抽樣方法。
4. 我國商品質量分級的方法有哪些？

第六章　商品分類與商品品種

學習目標：

1. 瞭解商品分類的概念、作用與原則。
2. 掌握商品分類的標誌，並瞭解選擇標誌的原則。
3. 熟悉商品分類的基本方法。
4. 掌握商品品種的概念，以及商品品種類別與結構方法。

第一節　商品分類原則與方法

一、商品分類概念與作用

1. 商品分類的概念

宇宙中的任何事物、現象、概念都是概括一定範圍的集合總體，如建築物、學校等。分類就是指將集合總體按照一定的標誌和特徵，逐項劃分為概括範圍更小、特徵更趨一致的局部集合體，直至劃分成最小的單元的過程。

商品分類是對商品集合體的劃分，它是指根據一定的目的或需要，選擇適當的分類標誌，科學、系統地將商品逐級劃分為門類、大類、中類、小類、品類或品目、品種，乃至規格、品級、花色等細目的過程。商品分類是使範圍內所有商品得以明確區分與體系化的過程。

對商品進行分類，既要考慮分類對象的屬性、特徵，也要考慮分類對象管理上的需要和要求，有時還要兼顧分類對象在傳統上和歷史上已經習慣的管理範圍和管理方法，如傳統商業習慣下的日用百貨、日用五金製品、日用雜品等類目的劃分。

商品大類、中類、小類等較高層次類目的劃分，一般是根據商品生產、流通、消費經濟活動類型的逐步細化來進行的，如產業（行業）的細化、市場範圍的細化、消費需求的細化等。商品細類或品類是對若干具有共同特徵的商品品種的歸類。商品品種是指商品的具體名稱所對應的商品。商品細目是對商品品種的詳盡區分，包括商品的規格、花色、質量等級、產地、品牌等，能夠更具體地反應商品的特徵。

2. 商品分類的作用

商品分類是商品學研究的基礎，也是國民經濟管理現代化的先決條件。隨著科學技術的進步和市場經濟的不斷發展，商品種類日趨增多，商品分類的作用也越來越大。

（1）爲政府、行業、企業進行各項管理活動和實現信息化管理奠定了基礎。

商品種類繁多、特徵多樣、價值不等、用途各異，只有對商品進行科學的分類，商品生產、運輸、儲存、銷售各個環節中的計劃、統計、核算等工作才能順利進行，各類經濟指標、統計數據和商品信息才具有可比性和實際意義。信息技術在經濟管理中的廣泛應用，對商品的科學分類提出了新的更高要求，這些都離不開商品分類和編碼系統的支持。

（2）有利於商品標準化的實施和商品質量標準的制定。

科學的商品分類，可使商品的名稱和類別統一化、標準化，從而避免同一商品在不同國家、地區、行業、企業由於名稱、計量單位、計算方法、口徑範圍等不統一而造成的不便，有利於統籌國內商品的產、供、銷，實現與國際接軌和同步。商品質量標準的制定是建立在商品科學分類基礎上的。

（3）便於商品經營管理者和顧客選購、消費商品。

一方面，通過科學的商品分類和商品目錄標誌，經營者容易實施科學有效的商品採購管理、陳列管理、銷售管理以及較好地掌握企業的經營業績，達到易於統計、分析和決策的效果；另一方面，科學的分類有助於商品經營者科學地引導和指導商品的消費，方便消費者選購決策。

（4）有利於開展商品研究和教學工作。

商品種類繁多、用途不同、性能各異，對包裝、運輸、儲存的要求也各不相同，只有在科學分類的基礎上，對衆多的個別商品進行歸類，才能深入分析和瞭解商品的性質和使用性能，研究商品質量和品質及其變化規律，從而爲商品質量的改進和提高，新商品和新品種的開發，商品的包裝、運輸、保養、檢驗、合理使用提供科學的依據。

二、商品分類原則

爲了使商品分類能滿足特定的管理要求和需要，必須遵循以下商品分類的基本原則：

1. 科學性原則

分類目的和需要必須明確，擬分類對象的範圍應準確界定。分類對象的名詞是唯一的，防止概念不清或一詞多義。同時還要選擇分類對象最穩定的本質屬性或特徵作爲分類的依據，使其能真正反應該對象有別於其他分類對象的本質特性，這樣才能明顯地區分開分類對象，使分類清楚合理，經得起時間考驗，確保分類體系的唯一性和穩定性。

2. 系統性原則

以分類對象最穩定的本質屬性或特徵爲基礎，將選定的分類對象，按照一定的順序排列，每個分類對象在這個序列中占有一個位置，並反應出他們彼此之間既有聯繫又有區別的關係，這就是商品分類的系統性原則。

3. 可延性原則

此原則要求在建立分類體系時，應該設置收容類目，留有足夠的空位，以便安置新出現的商品而又不會打亂已建立的分類體系或重建原分類體系，同時，也爲低層級的分類子系統在此分類體系基礎上進行延拓和細化創造了條件。

4. 兼容性原則

兼容性是指相關的各個分類體系之間應具有良好的對應與轉換關係。建立新的分類體系時，要盡可能與原有分類體系保持一定的連續性，使相關的分類體系之間相互銜接和協調，同時考慮與國際通用的分類體系對應和協調，以利於推廣應用，便於信息的查詢、對比和交流。隨著商品編碼系統和商品信息技術的不斷發展和完善，對於分類原則和類目設置的標準化要求越來越嚴格，這樣有利於滿足不同分類和編碼體系之間信息交換的需求。

5. 整體最優化原則

分類應從系統工程角度出發，在滿足整個管理系統（如國家商品管理系統）總任務、總要求的前提下，盡量滿足系統內各管理子系統（如各行業商品管理系統）的實際需要。如果商品分類能同時滿足整個管理系統和各管理子系統的管理需要，當然非常理想。但實際上，從某個管理子系統看來，某種分類是最經濟、最實用的，而對於整個管理系統來說卻可能是不合理、不經濟、不可取的。反之，若某種分類對於某個管理子系統不大合理、不大經濟，但對於整個管理系統確是最經濟、最合理的，那麼這種分類也是可取的。因此，分類時應首先強調系統的整體經濟效益、整體的最優化，要求局部服從整體。同時，在滿足管理系統總任務、總要求的前提下，也要兼顧各管理子系統在分類上的要求。

三、商品分類方法

商品分類時通常採用線分類法和面分類法兩種方法。在建立商品分類體系或編制商品分類目錄時，這兩種方法常常被結合起來使用。

1. 線分類法

線分類法又稱層級分類法或垂直分類法，是指將擬分類的商品集合總稱，按照一定的分類標誌，逐項地分成若干個相應層級，並排列成一個有層次的逐級展開的分類體系。分類對象按照選定的若干分類標誌，逐次地分成若干層級，每個層級又分為若干類目，排列成一個有層次的、逐級展開的分類體系。在每個分類體系裡每個層級只能選擇一個分類標誌，各層級的分類標誌可以不同，同一層級各類目之間構成並列關係，彼此稱為同位類，上下層級之間構成隸屬關係，相對互為上、下位類。

線分類法屬於傳統的分類方法，使用範圍最為廣泛。例如，家具商品可以按線分類法進行如表 6-1 所示的分類。線分類法的優點是：信息容量大、層次性強、符合傳統應用的習慣。既對手工處理有好的適應性，又便於計算機處理。其缺點主要是：結構彈性差，分類結構一經確定，不易改動。所以，採用線分類法編制商品分類目錄時，必須預先留有足夠的後備容量。

表 6-1　　　　　　　　　　　　　線分類法實例

大類	中類	小類
家具	木制家具 金屬家具 塑料家具 竹藤家具	床、椅、凳、桌、箱、架、櫥櫃

2. 面分類法

面分類法又稱平行分類法，是指把分類對象按選定的若干分類標誌劃分成彼此沒有關係的若干組獨立的類目，每組類目構成一個"面"，再按一定的順序將各個"面"平行排列。

用面分類法進行分類時，應根據需要將有關"面"中相應的類目，按"面"指定排列順序組配在一起，形成一個新的複合類目。例如，服裝的分類就是按照面分類法組配的（見表6-2），把服裝用的面料、式樣和款式分為三個獨立的"面"，每個面又包含若干個獨立類目，將這些類目按指定順序組配起來，便可以組配諸如純毛男士中山裝、真絲女士連衣裙等有效的不同的複合類目。

表 6-2　　　　　　　　　　　　　面分類法實例

服裝面料	式樣	款式
純棉 純毛 真絲 滌棉 毛滌	男式 女式	中山裝 西裝 獵裝 夾克 連衣裙

面分類法的優點是：具有較大的彈性，一個面內的類目改變不會影響其他的面；適應性強，可根據需要組成任何面；同時也便於計算機處理，易於添加和修改目類。它的缺點是：不便於手工處理，也不能充分利用其容量。儘管其可組配的符合類目很多，但實際可用的符合類目並不多。例如上面實例中的純棉男士連衣裙、純毛女士中山裝等符合類目就沒有實際意義。目前，一般都把面分類法作為線分類法的輔助。

第二節　商品分類標誌

一、商品分類標誌選擇的基本原則

分類標誌是編制商品分類目錄和分類體系的重要依據和基準。進行商品分類，可供選擇的分類標誌很多，分類標誌的選擇應遵循以下基本原則：

1. 目的性原則

不同的分類標誌具有不同的適用性，分類標誌的選擇必須滿足政府主管部門、行業或企業進行商品分類的管理目的和需要。

  2. 穩定性原則

  商品具有本質的和非本質的多種特徵，應該選擇商品最穩定的本質特徵作為分類標誌，這樣才能保證區分明確、分類清楚和分類體系的相對穩定。

  3. 唯一性原則

  商品分類時，在同一層級範圍內，只能採取一種分類標誌，不能同時採用兩種或多種分類標誌，以確保每種商品只出現在一個類別里，不能在分類體系或目錄中重複出現。

  4. 邏輯性原則

  分類體系中，上一層級分類標誌與下一層級分類標誌之間存在着有機聯繫。下一層級分類標誌應該是其上一層級分類標誌的合符邏輯的繼續和具體化。

  5. 包容性原則

  分類標誌的選擇要能夠包括所需分類的全部商品，並留有不斷補充新商品的餘地。

二、常用的商品分類標誌

  商品分類標誌種類很多，但至今仍很難找到一種能貫穿一個商品分類體系始終，並對所有商品層級類目劃分時都可以使用的分類標誌。因此，在一個商品分類體系中常採用集中分類標誌，往往是每一個層級選用一種適宜的分類標誌。

  1. 以商品的用途作為分類標誌

  商品的用途與消費者需要密切相關，是體現商品使用價值的重要標誌，也是探討商品質量和商品品種的重要依據。以商品用途作為分類標誌，不僅適合於對商品大類的劃分，也適合對商品類別、品種的進一步詳細劃分。例如：根據用途的不同，可將商品分為生活資料商品和生產資料商品。生活資料商品可劃分為食品、衣着用品、日用工業品、日用雜品等類別。日用工業品又可分為器皿類、洗滌用品類、化妝品類、家用電器類、文化用品類等。化妝品類商品還可劃分為護膚用化妝品、美容化妝品、髮用化妝品等。髮用化妝品可再細分為洗髮劑、美髮劑、生髮劑、護髮劑等。洗髮劑可進一步劃分成干性髮用香波、油性髮用香波、洗髮護髮二合一香波等。許多按商品用途劃分的類目名稱已成為專有名詞，如食品、醫藥品、飼料、文化用品、交通工具等。

  以商品用途作為分類標誌，便於分析和比較同一用途商品的質量和性能，從而有利於生產企業改進和提高商品質量，開發商品新品種，提高品種規格，生產適銷對路的商品，也便於經營者和消費者按需對口地經營和選購。但對多用途的商品，一般不宜採用此分類標誌。

  2. 以原材料作為商品分類標誌

  商品的原材料是決定商品質量和商品品種的重要因素。由於所用原材料的不同，商品具有截然不同的特性或特徵，並反應在商品的成分、結構、性能、加工工藝、包裝形式和儲運方式的較大差異上。

  以原材料作為商品分類標誌，不僅使分類清楚，而且還能從本質上反應出每類商品的性能和質量特點、品種特徵及其使用保管要求的差異。例如：紡織品可根據原料的不同劃分爲棉紡織品、麻紡織品、毛紡織品、絲紡織品、化纖紡織品等大類。這五大類紡織品因其原料不同，性能和風格各異，其使用和保管要求也不相同。

原材料分類標誌特別適用於原料性商品和原材料對成品質量影響較大的商品，但對於那些由多種原料制成和成品質量及品種特徵與原材料關係不大的商品（如電視機、照相機、家用轎車、洗衣機等），則不宜採用。

3. 以加工工藝作爲分類標誌

商品的加工工藝，直接參與商品質量和品種的形成過程，是決定商品質量和品種的重要因素。同一用途的商品雖然使用的原材料相同，但由於採用的加工工藝不同，其性能特徵會有很大差異，從而形成截然不同的商品品種。例如：茶葉按其加工中發酵程度不同，可分爲紅茶（100%發酵）、黃茶（85%發酵）、黑茶（80%發酵）、烏龍茶（60%~70%發酵）和綠茶（完全不發酵）。國際上通常只按不發酵、半發酵、全發酵三種發酵程度對茶葉進行簡單分類（參見表6-3）。

表6-3　　　　　　　　　　　　茶葉的簡單分類

不發酵茶	半發酵茶					全發酵茶
綠茶	青茶（烏龍茶）					紅茶
0	15%	20%	30%	40%	70%	100%
龍井、碧螺春等	清茶	茉莉花茶	凍頂茶	鐵觀音	白毫烏龍	紅茶

用生產加工工藝作爲商品分類標誌，對那些可以選用多種加工工藝生產且性能和品種特徵受其影響較大的商品更爲適用，能夠直接反應商品品種特徵及其風格。對那些雖然生產加工工藝不同，但成品性能特徵不會產生實質性區別的商品，則不宜採用此種分類標誌進行分類。例如：糧食發酵法和工業合成法制得的酒精，並無實質差別。

4. 以商品的化學成分作爲分類標誌

商品的化學成分是形成商品質量和品種，並直接影響商品質量變化的基本因素。在很多情況下，商品的主要化學成分可以決定其性能、用途、質量或儲運條件，因而是決定商品品種、質量等級的重要因素。對這類商品進行分類時，應以主要化學成分作爲分類標誌。例如：按其主要化學成分的不同，化學肥料可分氮肥、磷肥、鉀肥等，合成纖維可分成丙綸、氯綸、滌綸、錦綸等。

有些商品儘管主要化學成分相同，但若其所含的少量或微量特殊化學成分不同，則可能形成質量、性能和用途完全不同的商品。對這類商品進行分類時，應該以特殊化學成分作爲分類標誌。例如：玻璃的主要成分是二氧化硅，根據其所含特殊化學成分的不同可分爲鋼化玻璃（含有氧化鈉）、鉀玻璃（含有氧化鉀）、鉛玻璃（含有氧化鉛）、硼酸玻璃（含有硼酸）等。鋼材也可按其所含的特殊化學成分劃分爲碳鋼、硅鋼、錳鋼等。

按化學成分進行商品分類，對深入研究商品的性能和質量、儲運條件以及使用方法等都有重要意義。化學成分已知且對商品特性影響較大的商品宜採用這種分類標誌進行分類。但對於化學成分比較複雜或易發生變化，以及對商品特性影響不大的商品，則不適宜採用這種分類標誌。

5. 以商品的產地作爲分類標誌

商品的產地不同，其自然氣候條件、地質條件、原料質量、加工方法、人文因素等會存在一定的差異，甚至有較大的差異，這就使得同類商品往往因產地差異而表現出不同的質量、品性、外觀、口感、味道、風格等特徵。例如：我國月餅可按產地分爲蘇式、廣式、京式、潮式、滇式等類。蘇式月餅口味濃鬱，油與糖並重，外皮層次多且薄，酥軟白淨、香甜可口；廣式月餅則輕油而偏重糖，外皮香脆可口；潮式月餅餅身較扁，餅皮潔白，以酥糖爲餡，入口香甜、脆軟、肥而不膩；滇式月餅的餡料採用了滇式火腿，餅皮疏鬆，餡料咸甜適口，有獨特的滇式火腿香味。商品分類實踐中，常用作品質受產地影響較大的農產品及其加工制品、中藥材、玉器、寶石與珍珠及其制品等的分類標誌。

第三節　商品品種概述

一、商品品種概念

商品品種是商品分類的一種，在現代經濟中，全面的質量概念就包含着對商品的要求，高質量的商品必須是對路的、適銷的、暢銷的和最大限度地滿足人們全面發展需要的商品。商品使用價值的一個重要方面就是要求商品品種對路和結構合理。商品品種的不完善，品種結構的不合理，都會給社會經濟生活帶來重大影響。

商品品種是指按某種相同特徵劃分的商品群體，或者是指具有某種（或某些）共同屬性和特徵的商品群體。商品品種的範疇是一個宏觀概念，反應一定商品群體的整體使用價值或社會使用價值。不同的消費結構要求有不同水平的使用價值及不同的品種規格。從全社會來說，大類商品的品種及其結構應與全社會的消費需求和消費結構相符合，其他各類商品中的品種應與社會不同階層、不同社會集團的消費水平相吻合。

二、商品品種類別

由於商品的品種繁多、特徵各異，商品品種的類別也多種多樣。不同的品種類別表明其特有的品種特徵。可按不同的標誌劃分商品品種類別，商品品種的類別與商品分類密切相關。各大類商品均擁有大量的品種，根據一定的原則，可劃分爲大類商品品種、中類商品品種、小類商品品種、細類商品品種（規格、花色、式樣、型號、生產廠商等）。

（1）按照商品品種形成的領域，可劃分爲生產品種和經營品種。生產品種是指由工業或農業提供給批發商業企業的商品品種。經營品種是指批發商業企業和零售商業企業銷售的商品品種。工業生產的商品品種和商業經營的商品品種，一方面取決於特定經濟形式下的資源狀況和生產技術能力；另一方面則取決於消費需求的結構及其變化。

爲獲得好的經濟效益,生產部門必須有合理的產品結構、適銷的商品品種以及高水平的商品質量,並要根據市場需要和消費需求不斷調整生產品種和開發新品種。商業部門必須按照市場需求、供求狀況和競爭需要,確定和調整企業發展戰略中的品種計劃,重視商品品種的構成、完善、策略等問題。

(2)按照商品品種的橫向廣度或商品品種的結構,可劃分爲複雜的商品品種和簡單的商品品種。商品品種的廣度是指具體商品類別中的變種(品種)數目。例如:燈泡、肥皂、錘子、辦公用品等只有較少的品種,屬於簡單商品品種;而服裝、鞋類、食品等有相當多的品種,則屬於複雜的商品品種。服裝商品的品種類別見表6-4。

表6-4　　　　　　　　　　　　服裝商品的品種類別

	女服	男服	童裝	嬰兒服
外衣	大衣 風衣 上衣 裙子 短外衣 夾克衫 套裝 褲子 襯衣 針織外衣 皮革服裝 工作服 衣飾中小配件 (手套、提包)	大衣 風衣 西裝 短上衣 夾克衫 褲子 針織外衣 皮革服裝 工作服 衣飾中小配件 (手套、提包)	同男服和女服相似 童褲 連衣裙 連衣褲 風雪衣	小洗禮服 小連衣裙 户外套服
內衣	胸衣 睡衣 晨衣 連褲襪等	襯衣 睡衣 晨衣 長筒襪 短襪	同男女內衣相似	小襯衣 小孩短上衣 小褲子 背心連褲 尿布、襁褓 睡袋
運動服	運動衣、體操服、運動褲、網球衣、滑雪衣、遊泳衣、旅行衣、獵裝			

(3)按照商品品種的縱向深度,可劃分爲粗的品種和細的品種。在制訂商品計劃或規劃時,一般是指粗的商品品種。在訂立供貨合同時,要詳細規定商品的所有特性值(參數),包括規格、顏色、式樣、包裝裝潢等,這時就涉及細的商品品種。

(4)按照商品品種的重要程度,可劃分爲日常用商品品種(必備商品品種)和美化、豐富生活用商品品種,主要商品品種和次要商品品種。

(5)按照行業(商業部門)也可劃分成一定的商品品種類別。例如:雜貨、食品、醫藥品;紡織品、皮革製品、家具;五金製品、家用器皿、瓷器、壁紙和地面鋪設用品；電子電器商品、玩具、體育用品；文具紙張、辦公用品、書；鐘表、首飾、樂器、照相器材等。具有這些行業特徵的商品品種大多由不同的專營商鋪或百貨公司的各商品部來經銷。

根據消費者的某方面需要，也能夠劃分成不同的商品品種類別。例如：按照生活範圍的需要可構成從屬於消費者的不同商品品種（配套品種），臥室用品、兒童用品、家用紡織品、家用電器、園藝用品、洗滌用品、裝飾用品、包公用品、文化用品、廚房用品等，這些商品品種類別的構成便於消費者購買；按照活動單位的需要可構成野營用品、旅行用品、休閒用品等商品品種類別。按照消費者的某方面需要來劃分商品品種，打破了傳統的行業劃分，出現了許多專門商店，有利於商品銷售和消費者選購。

三、商品品種結構

商品品種結構是指在一定範圍的商品集合體中，對於各類商品及每類商品中不同品種的組合狀況及其相對數量比例的客觀描述。所謂相對數量比例是指在所管理的集合體商品總量中，按滿足不同層次消費需求，各大類商品及每類商品中不同品種規格商品的數量所占的比例。商品品種結構框架是按金字塔形排列的，圖6-1給出了食品商品的品種結構框架示例。

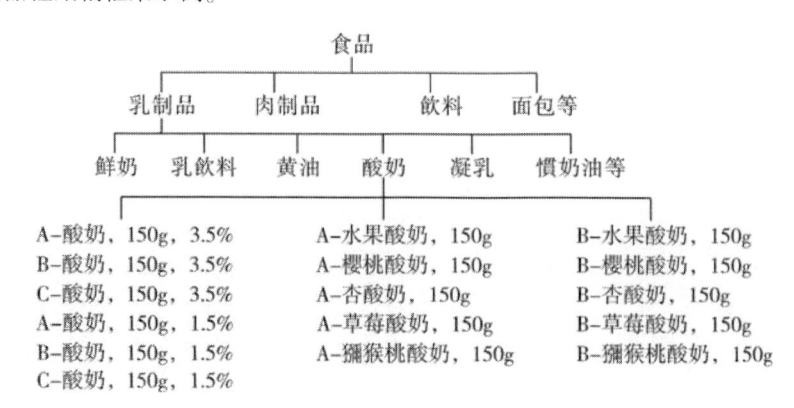

```
                            食品
          ┌──────────┬──────────┬──────────┐
        乳制品      肉制品      飲料      面包等
   ┌────┬────┬────┬────┬────┐
  鮮奶 乳飲料 黃油 酸奶 凝乳 慣奶油等

  A-酸奶, 150g, 3.5%      A-水果酸奶, 150g      B-水果酸奶, 150g
  B-酸奶, 150g, 3.5%      A-櫻桃酸奶, 150g      B-櫻桃酸奶, 150g
  C-酸奶, 150g, 3.5%      A-杏酸奶, 150g        B-杏酸奶, 150g
  A-酸奶, 150g, 1.5%      A-草莓酸奶, 150g      B-草莓酸奶, 150g
  B-酸奶, 150g, 1.5%      A-獼猴桃酸奶, 150g    B-獼猴桃酸奶, 150g
  C-酸奶, 150g, 1.5%
```

圖6-1 食品商品的品種結構框架

商品品種是消費者對商品廣度的要求，它是商品結構（商品品種組合）狀況的反應，也是消費需求結構的反應。總的來說，商品品種的結構應適應消費需求結構及其變化。具體商品品種的構成應考慮具體的消費需求，如消費者年齡、性別、職業、民族、消費水平和地方風俗等。消費需求和消費結構不是一成不變的，它隨科學技術、人口組成、社會經濟發展水平等的變化而變化。這種變化一般呈上升趨勢，因而商品品種結構也是一個動態的高級化過程。

商品品種結構是否合理，實質上是商品能否滿足廣大消費者多樣化、多層次、專業化、特殊化、個性化的消費需求的問題，也是人們對商品的不同需要在質的方面如何得到滿足的問題。為了促進商品品種結構的合理化與最優化，應重視對商品品種和品種結構的研究。

研究商品品種結構，包括對老品種的改進和淘汰以及對新品種的開發，必須從滿足社會需要出發。商品品種結構的決策要考慮兩個因素，即市場引力和企業實力。市場引力包括商品對國民經濟的影響力、市場容量、利潤率、銷售率、增長率等，是社會需要狀況的反應。企業實力是指企業滿足市場要求的能力，它包括市場佔有率、生產能力、技術能力、銷售能力等綜合因素。只有結合市場引力和企業實力，開展定性、定量分析，並在分析的基礎上確定老品種的改進和新品種的開發，才能使生產的商品滿足消費需求，使商品品種結構與消費需求結構相符。

第四節　商品品種發展規律

商品品種及其結構和消費需求及其結構之間的關係是以一定的對應形式存在的，因此，商品品種的發展也具有一定的規律。商品品種的發展規律可概括爲以下幾個方面：

一、商品品種的多樣性與統一性規律

商品品種的多樣性是由人們和社會需要的差異性和多樣性造成的。但是商品品種的多樣性不是隨意的，它必須以消費需求爲基礎，包括商品品種規格系列和使用特性的通用。這是使商品的規格和質量滿足社會需要的一種技術保證，是產需之間利益協調一致的方式。

商品類別、品種、花色要齊全，這就是說，凡是商品消費所需要的都應該齊備，不應缺門斷檔，這樣才能滿足消費者多種多樣的需要。當然，所謂品種齊全應該正確理解：①是相對的而非絕對的，即以大致能滿足消費者需要爲準則，不應拘泥於樣樣齊備，一應俱全，以免造成不必要的積壓；②商品類別、品種、花色的數量並非固定不變，而應隨消費需求的發展和變化而調整；③要集中精力提供保證人們需要的基本商品和主要品種；④商品品種和消費需求之間、商品品種花色和類別之間都存在著一定的比例關係，這是由消費結構、購買水平和投向所決定的。在滿足人們的需要時，只有商品的每單位生產成本和實現成本都獲得最大利潤，商品品種的多樣性才表現爲最佳狀態。

二、商品品種合理增長的規律

經濟發展水平越高，經濟增長速度越快，商品品種就越豐富多彩。商品品種越豐富，人們選擇商品的範圍和自由度越大，人們不斷增長的需要被滿足的程度就越高。因此，保持和開發相當數量的商品品種，是使社會主義市場經濟持續發展和人們生活質量持續改善的客觀要求。但是，商品品種也不能盲目發展和無限增加，一方面商品品種的開發和增長必須建立在市場需要的基礎上，否則即使增加了，最終也會因沒有銷路而縮小；另一方面我們還應該考慮如何用盡量少的商品品種來滿足盡可能多的消費需要，也就是運用標準化原理科學合理地簡化商品品種，因爲商品品種簡化有利於控制生產、提高產量和降低成本。

三、商品品種新陳代謝的規律

商品品種存在着新陳代謝的規律，這是因爲消費需求的結構會因爲經濟的發展和變化，特別是購買力的提高和投向的變化而變化，使原來一部分適應市場需要的品種變的不適應而被淘汰。同時，爲了適應市場的需要，新的品種會不斷地湧現出來，因而形成品種的新陳代謝規律。

許多商品都有其生命週期，上市以後經過一個或長或短的時期，從增長至興旺至萎縮，最後退出市場，不再適應市場的商品從原來新興的、時尚的商品變成老化的乃至被淘汰的商品。新陳代謝，推陳出新，這是一個進步。只有通過新陳代謝，商品供給的有效程度才能提高，才能提高滿足消費的程度，不斷地解決積壓和脫銷的問題，提高生產和流通的經濟效益。當然，新陳代謝並不意味着一些老商品都要被淘汰，或者所要淘汰的都是沒有需要的商品，一些品質優良、爲消費者所喜愛的傳統商品和名牌商品不僅不會被淘汰，相反會保持和發揚。同時，也不意味着一切新商品都能替代老商品。新商品要經過市場考驗、評價，在競爭中表現得比老商品更優越，才能適應市場需要，才能代替那些失去市場需要而註定要被淘汰的老商品。新陳代謝並不意味着從類別、品種到花色多層分類同步更新，可能上一層次變動，也可能上一層次不變，而下一層次部分以新代舊。新陳代謝中被淘汰的商品並不意味着一旦淘汰了就永遠被淘汰，有的商品在特定條件下可能再生。除了因經濟發生困難或嚴重供不應求的特殊情況外，一般是由於消費需要再現，因此發生循環，如復古、懷舊風格，在花色、款式上比較常見。但循環並非完全重複，往往伴有原有品種的新改進。

一般來講，商品品種更新的速度越快，更新的比例越大，市場上的新商品就越多，使用價值高的新商品和更現代化、更先進的商品就越多，從而使消費者的需要能夠得到更好、更全面地滿足。但是，絕不能認爲商品品種更新的速度越快、比例越大越好。如果商品品種更新的速度太快、比例太高，會造成生產和流通中不必要的品種經常變換，結果無法有效管理控制，同樣難以獲得經濟效益。商品品種更新的最佳速度和比例的標準是：用於商品生產、流通和消費的每單位成本獲得所涉及商品的最高使用價值。按照行業或企業特點、商品的種類、品種更新的速度和比例是有差別的。例如：對於紡織服裝行業來講，其商品受款式、花色的影響較大，品種更新的速度較快，更新的比例也較大；而對於糧食種植業來說，其商品生產週期長，更新過程複雜且風險大，品種更新速度相對慢得多，更新比例也較小。

案例學習：

小商品分類標準：一個通向國際化的流通平臺

雖然"義烏指數"發布已有兩年，但是對商品指數的精確度，負責發布指數信息的義烏商城集團市場發展服務分公司總經理助理成俊平一直有一個遺憾——目前發布指數的17類商品，並沒有經過系統的分類，也就是說，這些類別存在重複或遺漏的可能。

國際上至今尚沒有一套專門針對小商品的分類標準。"隨著小商品種類的累積增加，我們註意到義烏市場里已經出現了小商品名稱不規範、歸類混亂等現象，並且開始影響到生產、經營、流通和出口等環節。"成俊平說。

在義烏經商多年的臺灣商人高龍龍，同樣在採購商品時遇到了困惑。"像這樣精美的餐具，在臺灣地區屬於餐具，但在這里卻要到工藝品區才能找到。"高龍龍告訴記者，由於語言文化上的差異，歐美和阿拉伯地區的客商在商品分類上遇到的問題還要更多。

"爲了保證市場的持續發展，規範市場的管理，我們急需一套關於小商品的分類標準。"昨天，在義烏商城集團市場發展服務分公司總經理胡志龍手中，記者看到了這本剛剛完成印刷的《小商品分類與代碼》。

這本由浙江中國小商品城集團股份有限公司起草，中商流通生成力促進中心負責研究和編制的分類標準，歷時兩年時間，期間得到了商務部、海關總署、國家統計局、清華大學等的支持。2008年7月，商務部批準並發布了國內貿易行業標準SB/T 10454-2008《小商品分類與代碼》，並於2008年11月開始執行。

《小商品分類與代碼》標準將目前市場上的小商品按照屬性劃分爲16個大類、9 105個子類、6個級層，基本上完整地囊括了目前所有的小商品品種，同時也爲新品種的增加留出了編碼空間。

比如在編碼中，兒童開襠褲的一級分類爲服裝類，二級爲兒童服裝，三級爲褲子，四級爲開襠褲，編號爲09010101，而這個編碼之下還要分爲四類，分別是純棉、純麻、純絲和其他。

據中商流通生產力促進中心主任、《小商品分類與代碼》編制組組長劉普合介紹，此次發布的《小商品分類與代碼》，結合聯合國統計署編制的《主要產品分類（CPC）》的思想，在分類標誌的選擇上，以材質、加工工藝、產品用途等屬性作爲主要分類標誌。

"但是我們編制的分類相比CPC更加細緻。"劉普合爲記者舉了一個例子：CPC中的"傘""手杖""紐扣"等產品合爲一個類目，包括工藝傘、直杆傘、二折傘、三折傘、沙灘傘、其他傘具、傘具配件、傘柄、傘骨、其他傘具配件等。

"對於正在經歷轉型的義烏市場來說，《小商品分類與代碼》的編寫意義重大。"義烏市委書記吳蔚榮表示，"目前在世界上，沒有一個地方能像義烏一樣，聚集這麼多的小商品，而及早掌握小商品分類的話語權，對外國客商在中國進行小商品採購具有重要的參考意義，這將極大地加快義烏市場的國際化進程。"

思考題：

1. 簡述商品分類的作用及原則。
2. 舉例說明線分類法與面分類法的區別。
3. 常用的分類標誌有哪些？
4. 簡述商品品種的概念及結構。

第七章　商品編碼與商品條形碼

學習目標：

1. 瞭解商品代碼的概念與類型，以及商品編碼的原則。
2. 掌握商品分類代碼與標識代碼編碼的基本方法。
3. 知曉商品條碼的概念，熟悉並掌握主要商品條形碼的結構。

第一節　商品代碼與商品編碼

一、商品代碼及其類型

1. 商品代碼的概念及功能

商品代碼是指爲了便於人或計算機識別、輸入、存儲和處理，用來表示商品分類信息或商品標識信息的一組有規律排列的符號。商品代碼具有分類、標識和便於信息交換的功能。目前以全數字型商品代碼使用最爲普遍。

商品分類信息是指該商品代碼意在說明該商品在其分類體系中的位置，也就是表明該商品類目與其上下層級商品類目或同層級商品類目之間的隸屬或並列關係，或者說是反應該項商品對某一商品群組的歸屬關係以及各商品群組之間的關係。商品標識信息是指該商品代碼僅起到標識該商品的唯一作用，不具有其他意義，只是反應某一代碼與某商品項目的一對一關係。

依照代碼所表示的信息內容的不同，商品代碼可以進一步劃分爲商品分類代碼和商品標識代碼兩類。商品分類代碼是指依據商品的屬性或特徵進行的分類和代碼化表示，是確定商品邏輯與歸屬關係的一組數字型代碼。例如：國際上通行的《商品名稱及編碼協調制度》(HS)、《主要產品分類》(CPC) 和我國的《全國主要產品分類與代碼》等主要商品（產品）分類目錄，採用的都是商品（產品）分類代碼。商品標識代碼是指對零售商品、非零售商品、物流單元、位置等進行全球唯一標識的一組數字型代碼。例如國際上通用、我國廣泛採用的 EAN/UCC-13 代碼、EAN/UCC-8 代碼、EAN/UCC-14 代碼等，都是商品標識代碼。

2. 商品代碼的類型

商品代碼依其所用符號組成不同，可分爲全數字型、全字母型和數字—字母混合型三種。

(1) 全數字型商品代碼。全數字型商品代碼是指用阿拉伯數字來表示分類對象信息的商品代碼。這種商品代碼的特點是結構簡單、使用方便、易於推廣，便於計算機識別和處理。目前全數字型商品代碼在各國際組織和世界各國的商品（產品、服務）代碼標準中普遍採用。

（2）全字母型商品代碼。全字母型商品代碼是指用字母表示分類對象信息的商品代碼。這種代碼的特點是便於記憶，比用同樣位數的數字型代碼的容量大，可提供便於人們識別的信息。但不利於計算機的識別和處理，並且只適用於分類對象數目較少的情況。因此，在商品編碼中很少使用。

（3）數字—字母混合型商品代碼。數字—字母混合型商品代碼是指由數字和字母混合組成的商品代碼。它兼有上述兩者的優點，結構嚴謹，具有良好的直觀性，但給計算機輸入帶來不便，輸入效率低，錯碼率高，目前其使用廣度不高。

二、商品編碼原則

商品編碼，是指根據一定規則賦予某類或某種商品以相應的商品代碼的過程。商品編碼可使繁多的商品便於記憶、簡化手續、容易識別、提高工作效率和可靠性，有利於計劃、統計、管理等業務工作。商品編碼實行標準化、全球化，還有利於商品信息管理的規範、統一和高效率，降低管理成本，提高經濟效益，促進國際貿易的發展。

1. 商品分類代碼的編制原則

通常，商品分類和商品編碼是分別進行的，商品科學分類在先，合理編碼在後，商品科學分類為編碼的合理性創造了前提條件，但是編碼的不合理會直接影響商品分類體系、商品目錄的實用價值。因此，編制商品分類代碼時必須遵循以下原則：

（1）唯一性原則。必須保證每一個分類編碼對象僅有唯一的一個商品代碼，即每個商品代碼只能與制定的商品類目一一對應。

（2）簡明性原則。商品代碼應簡明、易記，盡可能縮短代碼長度，這樣既便於手工處理，減少差錯率，也能減少計算機的處理時間和存儲空間。

（3）層次性原則。商品代碼要層次清楚，能清晰地反應商品分類關係和分類體系、目錄內部固有的邏輯關係。

（4）可擴性原則。在商品代碼結構體系裏應留有足夠的備用碼，以適應新類目的增加和舊類目的刪減需要，使擴充新代碼和壓縮舊代碼成為可能，從而對分類代碼結構體系可以進行必要的修訂和補充。

（5）穩定性原則。商品代碼確定後要在一定時期內保持穩定，不能頻繁變更，以保證分類編碼系統的穩定性，避免造成人力、物力、財力的浪費。

（6）統一性和協調性原則。商品代碼要同國家商品分類編碼標準一致，與國際通用的商品分類編碼標準相協調，以利於實現信息交流和信息共享。

2. 商品標識代碼的編制原則

編制商品標識代碼，必須遵守唯一性原則、無含義性原則和穩定性原則。

（1）唯一性原則。編碼時要嚴格區分商品的不同項目。基本特徵相同的商品應視為同一商品項目，同一商品項目的商品應分配相同的商品標識代碼。基本特徵不同的商品要視為不同的商品項目，不同商品項目的商品必須分配不同的商品標識代碼。任何導致同一個商品項目有多個代碼（一物多碼）或同一個代碼對應多個商品項目（一碼多物）的錯誤編碼，都是違反唯一性原則的。

（2）無含義性原則。無含義性是指商品標識代碼中的每一位數字都不表示任何與商品有關的特定信息，即既與商品本身的基本特徵無關，又與廠商性質、所在地域、生產規模等信息無關。有含義的代碼常常會使編碼容量受到損失。廠商在編制商品項目代碼時，最好使用無含義的流水號，即連續號，這樣能夠最大限度地利用商品項目代碼的編碼容量。如果廠商生產的商品數量少，也允許進行有含義的編碼。

對於一些商品，在流通過程中可能需要瞭解它的附加信息，如生產日期、有效期、批號及數量等，此時可採用應用標識符（AI）來滿足附加信息的標註要求。應用標識符（2~4位數字）用於標識其後數據的含義和格式。

（3）穩定性原則。商品標識代碼一旦分配，只要商品的基本特徵沒有發生變化，就應保持不變。若商品項目的基本特徵發生了明顯的、重大的變化，則必須分配一個新的商品標識代碼。

在某些行業，比如醫藥保健業，只要商品的成分有較小的變化，就必須分配不同的商品標識代碼。但在其他行業則要盡可能地減少商品標識代碼的變更，以保持其穩定性。如果不清楚商品的變化是否需要變更標識代碼，可從以下幾個角度考慮：商品的新變體是否取代原商品；商品的輕微變化對銷售的影響是否明顯；是否因促銷活動而對商品做暫時性的變動；包裝的總重量是否有變化。

第二節　商品編碼方法

一、商品分類代碼的編制方法

商品分類代碼是有含義的代碼，代碼本身具有某種實際含義，不僅作爲編碼對象的唯一標識，起到代替編碼對象名稱的作用，還能提供編碼對象的有關信息（如分類中的隸屬關係）。商品分類編碼常用的方法有順序編碼法、系列順序編碼法、層次編碼法、平行編碼法（特徵組合編碼法）等。

1. 順序編碼法

順序編碼法是指按照商品類目在分類體系中出現的先後次序，依次給予順序數字代碼的編碼方法。其優點是使用方便，易於管理，但代碼本身沒給出任何有關編碼對象的其他信息。

2. 系列順序編碼法

這是一種特殊的編碼法，是指將順序數字代碼分爲若干段（系列），使其與分類編碼對象的分段一一對應，並賦予每段分類編碼以一定的順序代碼的編碼方法。其優點是可以賦予編碼對象一定的屬性和特徵，提供有關編碼對象的某些附加信息。但是附加信息的確定要借助於代碼表。它的缺點是當順序代碼過多時，會影響計算機處理速度。

3. 層次編碼法

層次編碼法是指按商品類目在分類體系中的層級順序，依次賦予對應的數字代碼的編碼方法，它主要用於線分類體系。國家標準《全國主要產品分類與代碼》（GB/T7635.1-2002）第 2 部分，就是採用的層次編碼法（參見圖 7-1）。層次編碼法的優點是代碼較爲簡單，邏輯關係好，系統性強，信息容量大，能明確地反應出分類編碼對象的屬性、特徵及其隸屬關係，容易查找所需類目，便於管理和統計。層次編碼法的缺點是彈性較差，爲延長其使用壽命，往往要預留相當數量的備用碼，容易形成冗碼。

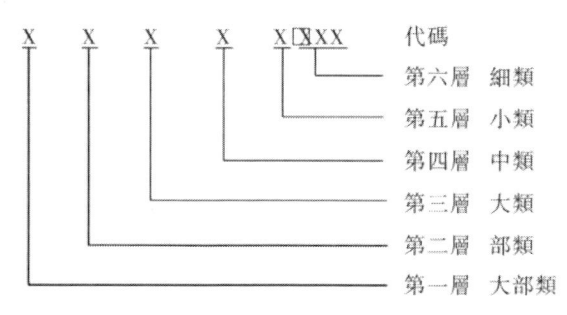

```
X   X   X   X   X   X X X   代碼
                    │ │ └── 第六層  細類
                    │ └──── 第五層  小類
                    └────── 第四層  中類
                └────────── 第三層  大類
            └────────────── 第二層  部類
        └────────────────── 第一層  大部類
```

圖 7-1　GB/T7635.1-2002 代碼結構

4. 平行編碼法

平行編碼法，也稱特徵組合編碼法，是指將編碼對象按其屬性或特徵分爲若干個面，每一個面內的編碼對象按其規律分別確定一定位數的數字代碼，面與面之間的代碼沒有層次關係和隸屬關係，最後根據需要選用各個面中的代碼，並按預先確定的面的排列順序組合成複合代碼的一種編碼方法。平行編碼法多用於面分類體系，其優點是編碼結構有較好的彈性，可以比較簡單地增加分類編碼面的數目，必要時還可更換個別的面。但這種編碼也存在代碼容量利用率低的缺點，因爲並非所有可組配的複合代碼都有實際意義。

在編碼實踐中，當分列出分類編碼對象的各種屬性或特徵後，可依據其某些屬性或特徵使用層次編碼法編碼，按照它其餘的屬性或特徵使用平行編碼法編碼。這樣，可以擇其優點，棄其缺點。

二、商品標識代碼的編制方法

商品標識代碼是國際物品編碼協會的全球統一標識系統的編碼體系的主體部分，即流通領域中所有的產品與服務（貿易項目、物流單元、資產、位置和服務關係等）的標識代碼（參見圖 7-2）。爲了便於機器快速識讀和處理，商品標識代碼常常用條、空模塊按一定規律組合的條碼符號來表示。條碼符號及其對應的標識代碼組成了商品條碼標記，其中條碼符號供條碼掃描設備識讀，而標識代碼則供人直接識讀或者通過鍵盤向計算機輸入數據。

商品學

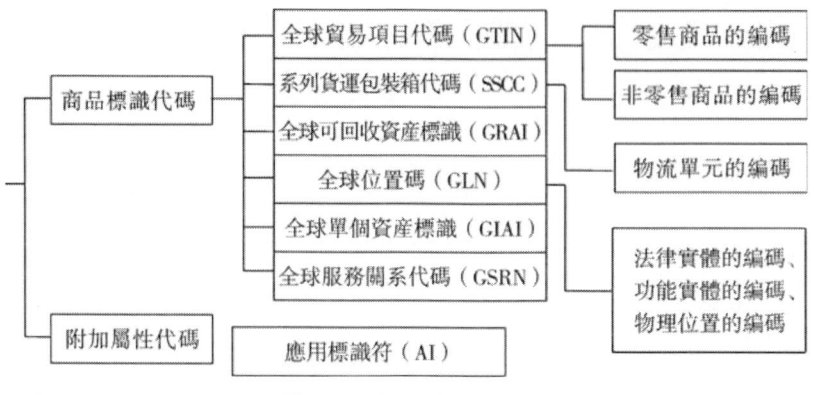

```
商品標識代碼 ─┬─ 全球貿易項目代碼（GTIN）─┬─ 零售商品的編碼
             │                              └─ 非零售商品的編碼
             ├─ 系列貨運包裝箱代碼（SSCC）
             ├─ 全球可回收資產標識（GRAI）─── 物流單元的編碼
             ├─ 全球位置碼（GLN）
             ├─ 全球單個資產標識（GIAI）─┬─ 法律實體的編碼、
             └─ 全球服務關系代碼（GSRN） ─┤   功能實體的編碼、
                                          └─ 物理位置的編碼
附加屬性代碼 ─── 應用標識符（AI）
```

圖 7-2　GSI 系統編碼體系

1. 全球貿易項目代碼（GTIN）

貿易項目是指任意一項商品（產品或服務），在從原材料到最終用戶的供應鏈流程中有獲取預先定義信息的需求，並且可以在任意一點進行標價、訂購或開具發票，方便所有貿易夥伴進行交易。對貿易項目進行編碼和採用符號表示，能夠實現商品零售、進貨、存補貨、銷售分析以及商品運輸、配送、倉儲或批發等其他流通業務運作的自動化。GTIN 是爲全球貿易項目提供唯一標識的一種代碼（或稱數據結構）。

按照流通領域的特點，貿易項目可以分爲零售貿易項目和非零售貿易項目。零售貿易項目是指在零售端通過 POS 機掃描結算的商品。非零售貿易項目是指不通過零售端 POS 機掃描結算，而用於配送、倉儲或批發等操作的商品。

按照標識對象的計量特性，貿易項目又可分爲定量貿易項目和變量貿易項目。定量貿易項目是指按照相同的規格和成分，如類型、大小、重量、內容等，來生產和銷售的貿易項目，或者說是指那些按商品件數計價、消費的商品，它可以是零售的，也可以是非零售的。變量貿易項目是指在重量、尺寸、包含的項目數或體積等特性中有一項是變化的貿易項目，也就是指那些按級別計量單位計價，以隨機數量銷售或配送、倉儲或批發的商品，它們可以是零售的，也可以是非零售的。

（1）零售貿易項目標識代碼的編制。

在我國，零售商品的標識代碼主要採用 GTIN 的 EAN/UCC-13 數據結構，也有採用 GTIN 的 EAN/UCC-8、UCC-12 數據結構的，但比較少見。

①EAN/UCC-13 代碼。EAN/UCC-13 由 13 位數字組成，其數據結構如表 7-1 所示。

表 7-1　　　　　　　　　　EAN/UCC-13 數據結構

結構	廠商識別代碼（含前綴碼）	商品項目代碼	校驗碼
結構一	N_1 N_2 N_3 N_4 N_5 N_6 N_7	N_8 N_9 N_{10} N_{11} N_{12}	N_{13}
結構二	N_1 N_2 N_3 N_4 N_5 N_6 N_7 N_8	N_9 N_{10} N_{11} N_{12}	N_{13}

廠商識別代碼左起的前 3 位數字（$N_1 N_2 N_3$）為前綴碼，是國際物品編碼協會（GIS）分配給某個國家（或地區）編碼組織的代碼。目前 GIS 分配給我國的前綴碼為 690~695。前綴碼為 690、691 的 EAN/UCC-13 代碼採用結構一的數據結構，前綴碼為 692、693、694 的 EAN/UCC-13 代碼採用結構二的數據結構，前綴碼 695 目前暫未啟用。需要註意的是，前綴碼並不代表商品的原產地，而只能說明分配和管理有關廠商識別代碼的國家（或地區）編碼組織。

廠商識別代碼用來在全球範圍內唯一標識廠商，其中包含前綴碼。我國廠商識別代碼由 7~8 位數字組成，由中國物品編碼中心負責註冊分配和管理。當廠商生產的商品品種很多，超過了商品項目代碼的編碼容量時，允許廠商申請註冊一個以上的廠商識別代碼。

商品項目代碼由 4~5 位數字組成，由獲得廠商識別代碼的廠商自己負責編制。提倡廠商遵循無含義編碼的原則，即商品項目代碼中的每一個數字既不表示分類，也不表示任何特定信息，最好以流水號形式為每個商品項目編碼。例如：由 5 位數字組成的商品項目代碼可標識 1 000 000 種商品。

校驗碼為 1 位數字（N_{13}），用來校驗 N_1~N_{12} 的編碼的正誤，它的數值是根據 N_1~N_{12} 的數值按一定的計算方法算出的。

②EAN/UCC-8 代碼。EAN/UCC-8 碼由 8 位數字組成，其數據結構如表 7-2 所示。

表 7-2　　　　　　　　　　EAN/UCC-8 數據結構表

商品項目識別代碼	校驗碼
N_1 N_2 N_3 N_4 N_5 N_6 N_7	N_8

商品項目識別代碼，由中國物品編碼中心統一為廠商的特定商品項目分配，以保證代碼的全球唯一性。

校驗碼為 N_8，用來校驗 N_1~N_7 的編碼的正誤，其數值是根據 N_1~N_7 的數值按一定的計算方法算出的。

③UCC-12 代碼。UCC-12 是美國統一代碼委員會（UCC）統一制定的通用產品標識代碼，由 12 位數字組成。UCC-12 代碼的對應條碼符號有兩種，即 UPC-A 碼和 UPC-E 碼。其數據結構如表 7-3 所示。

表 7-3　　　　　　　　　　UCC-12 數據結構表

UPC 商品條碼類型	廠商識別碼和商品項目代碼	校驗碼
UPC-A 碼	N_1 N_2 N_3 N_4 N_5 N_6 N_7 N_8 N_9 N_{10} N_{11}	N_{12}
UPC-E 碼	N_1 N_2 N_3 N_4 N_5 N_6 N_7	N_8

我國廠商一般使用 UCC-12 表示的 UPC 條碼，只有當商品出口到北美地區並且指定客戶時，才申請使用 UPC 條碼，且須經中國物品編碼中心統一辦理。

（2）非零售貿易項目標識代碼的編制。

非零售貿易商品分爲定量的和變量的貿易商品兩種。定量的非零售商品通常又分爲單個包裝的非零售商品和含有多個包裝等級的非零售商品兩類。單個包裝的非零售商品是指獨立包裝但不通過零售掃描結算的商品項目，如獨立包裝的電冰箱、洗衣機等，其標識代碼可採用 EAN/UCC-13、EAN/UCC-8 數據結構。含有多個包裝等級的非零售商品，如内裝 24 條香烟的一整箱烟，其標識代碼可選用 EAN/UCC-14 或 EAN/UCC-13 數據結構。採用 EAN/UCC-13 數據結構時，與零售貿易項目的標識方法相同；採用 EAN/UCC-14 數據結構時，即是在原有 EAN/UCC-13 代碼前添加包裝指示符，並形成新的校驗碼。

①EAN/UCC-14 代碼。EAN/UCC-14 代碼用於標識定量或變量非零售商品的包裝單元，其數據結構如表 7-4 所示。

表 7-4　　　　　　　　　　EAN/UCC-14 數據結構

指示符	内含項目的 GTIN（不含校驗碼）	校驗碼
N_1	N_2　N_3　N_4　N_5　N_6　N_7　N_8　N_9　N_{10}　N_{11}　N_{12}　N_{13}	N_{14}

包裝單元 EAN/UCC-14 代碼中第 2~13 位代碼就是其内含零售商品 EAN/UCC-13 代碼的第 1~12 位代碼。指示符 N_1 的賦值區間爲 1~9，其中 1~8 用於定量的非零售商品，9 用於變量的非零售商品。最簡單的方法是按順序分配指示符，即將 1、2、3……分別分配給非零售商品的不同級別的包裝組合。

變量的非零售商品是指其内所含物品是以基本計量單位計價，數量隨機的包裝形式，如待分割的牛肉。變量非零售商品的標識代碼採用指示符爲 9（即 $N_1=9$）的 EAN/UCC-14 數據結構。

當非零售商品在流通過程中需要標識附加信息時，如生產日期、有效期、批號及數量等，可採用應用標識符。應用標識符是定義其後數據含義與格式的前綴。部分應用標識符的含義、組成及格式如表 7-5 所示。

表 7-5　　　　　　　部分應用標識符的含義、組成及格式

應用標識符（AI）	數據含義	格式
00	系列貨運包裝箱代碼 SSCC-18	n2+n18
01	全球貿易項目代碼 GTIN-14	n2+n14
02	物流單元內貿易項目的 GTIN-14	n2+n14
10	批號或組號	n2+an…20
11	生產日期	n2+n6（n6 = $Y_1Y_2M_3M_4D_5D_6$）
13	包裝日期	n2+n6（n6 = $Y_1Y_2M_3M_4D_5D_6$）
15	保質期	n2+n6（n6 = $Y_1Y_2M_3M_4D_5D_6$）
17	有效期	n2+n6（n6 = $Y_1Y_2M_3M_4D_5D_6$）

表7-5(續)

應用標識符（AI）	數據含義	格式
30	可變數量	n2+n8
3101	淨重（kg）	n4+n6
400	客戶購貨訂單號碼	n3+an…30
410	交貨地 EAN·UCC 全球位置碼	n3+n13
411	受票方 EAN·UCC 全球位置碼	n3+n13
412	供貨方 EAN·UCC 全球位置碼	n3+n13
413	貨物最終目的地 EAN·UCC 全球位置碼	n3+n13
414	標識物理位置的 EAN·UCC 全球位置碼	n3+n13
415	開票方 EAN·UCC 全球位置碼	n3+n13
備註		

註：格式中，n 爲數字字符，an 爲字母、數字字符，i 表示字符個數，ni 表示其定長爲 i 個數字字符，an…i 表示最多 i 個字母、數字字符。例如，應用標識符（01）表示後面所跟數據爲商品的 GTIN-14 代碼，應用標識符（3101）表示後面所跟數據爲商品重量，應用標識符（00）表示後面所跟數據爲物流單元的 SSCC 標識。

2. 系列貨運包裝箱代碼（SSCC）

物流單元是指在供應鏈過程中爲運輸、倉儲、配送建立的包裝單元。例如：一箱有不同顏色和尺寸的 12 條裙子和 20 件夾克的組合包裝、一個含有 40 箱飲料的托盤，都可以視爲一個物流單元。物流單元標識代碼用系列貨運包裝箱代碼（SSCC）表示，SSCC 是爲每個物流單元提供全球唯一標識的代碼，通常用 UCC/EAN-128 條碼符號表示。

SSCC 是無含義、定長爲 18 位的數字代碼，由擴展位、廠商識別代碼、系列號和校驗碼四個部分組成。SSCC 的數據結構如表 7-6 所示。

表 7-6　　　　　　　　　　SSCC 數據結構

結構種類	擴展位	廠商識別代碼	系列號	校驗碼
結構 1	N_1	$N_2 N_3 N_4 N_5 N_6 N_7 N_8$	$N_9 N_{10} N_{11} N_{12} N_{13} N_{14} N_{15} N_{16} N_{17}$	N_{18}
結構 2	N_1	$N_2 N_3 N_4 N_5 N_6 N_7 N_8 N_9$	$N_{10} N_{11} N_{12} N_{13} N_{14} N_{15} N_{16} N_{17}$	N_{18}
結構 3	N_1	$N_2 N_3 N_4 N_5 N_6 N_7 N_8 N_9 N_{10}$	$N_{11} N_{12} N_{13} N_{14} N_{15} N_{16} N_{17}$	N_{18}
結構 4	N_1	$N_2 N_3 N_4 N_5 N_6 N_7 N_8 N_9 N_{10} N_{11}$	$N_{12} N_{13} N_{14} N_{15} N_{16} N_{17}$	N_{18}

SSCC 結構的擴展位由 1 位數字組成，取值範圍爲 0~9，廠商識別代碼由 7~10 位數字組成，系列號由 9~6 位數字組成，校驗碼爲 1 位。

3. 全球位置碼（GLN）

全球位置碼也稱爲參與方位置碼，它是對供應鏈活動的法律實體、職能實體和物理實體進行唯一標識的代碼。法律實體是指合法存在的機構，如貿易公司、供應商、客戶、銀行、運輸商等。職能實體是指法律實體內的具體部門，如公司財務部、公司信箱或計算機文件等。物理實體是指具體的位置，如一幢樓的具體房間、一個倉庫的某個門、交貨地點、轉運地點等。GLN 的應用是有效實施 EDI 的前提。

GLN 採用 EAN/UCC-13 代碼結構，由廠商識別代碼、位置參考代碼和校驗碼組成，用 13 位數字表示，其中廠商識別碼由 7~9 位數字組成，位置參考代碼由 5~3 位數字組成，校驗碼爲 1 位數字。具體結構如表 7-7 所示。

表 7-7　　　　　　　　　　　GLN 數據結構

結構種類	廠商識別代碼	位置參考代碼	校驗碼
結構 1	$N_1 N_2 N_3 N_4 N_5 N_6 N_7$	$N_8 N_9 N_{10} N_{11} N_{12}$	N_{13}
結構 2	$N_1 N_2 N_3 N_4 N_5 N_6 N_7 N_8$	$N_9 N_{10} N_{11} N_{12}$	N_{13}
結構 3	$N_1 N_2 N_3 N_4 N_5 N_6 N_7 N_8 N_9$	$N_{10} N_{11} N_{12}$	N_{13}

當用條碼符號表示 GLN 時，應與 GLN 應用標識符一起使用。例如：4106901234567892 表示將貨物運到 GLN 爲 6901234567892 的某一物理位置，410 爲"交貨地"的應用標識符。

第三節　商品條形碼

一、商品條碼的概念與類型

商品條碼是由國際物品編碼協會（GPI）規定的，用於表示零售商品、非零售商品、物流單元、參與方位置等代碼的條碼標識。具體地說，條碼是由一組規則排列的條、空組合及其對應的供人識別字符組成的標記。商品條碼中，其條、空組合部分稱爲條碼符號，其對應的供人識別字符就是該條碼符號所表示的商品標識代碼。條碼符號具有操作簡單、信息採集速度快、信息採集量大、可靠性高、成本低廉等特點。商品條碼一般直接印刷在商品包裝容器或標籤紙上，制成掛牌懸掛在商品上，或者制成不干膠標貼貼在商品上。

商品條碼主要有 EAN/UPC、ITF-14、UCC/EAN-128 三種類型。其中 EAN/UPC 條碼又有 EAN-13、EAN-8、UPC-A 和 UPC-E 四種形式。零售商品的條碼標識主要採用 EAN/UPC 條碼。物流單元的條碼標識主要採用 UCC/EAN-128 條碼。廠商的物流位置、職能部門等位置的條碼標識也採用 UCC/EAN-128 條碼。

選擇何種條碼符號是由各種不同碼制自身特徵所決定的。例如：EAN/UCC-8 這種代碼只能用 EAN-8 條碼符號來表示，一般情況下，UCC-12 代碼結構用 UPC-A 或 UPC-E 條碼符號表示，EAN/UCC-13 代碼結構用 EAN-13 條碼符號表示，EAN/UCC-14 代碼結構用 ITF-14 或 UCC/EAN-128 這兩種條碼符號表示。

條碼作爲一種自動識別技術，提供了快速、準確地進行數據信息採集、輸入的有效手段，解決了由於計算機數據輸入速度慢、錯誤率高等造成的難題，現已成爲商品流通業、供應鏈管理特別是電子數據交換和國際貿易的一個重要基礎。

二、商品條碼的產生和發展

20世紀70年代，美國制造業和零售業的迅速發展，推動了方便商品交易的條碼技術的開發和應用。1973年，美國統一代碼委員會（UCC）從若干種條碼候選方案中選定了IBM公司提出的條碼系統，以此爲基礎制定了通用產品代碼和條碼（UPC），並在食品雜貨業首先進行UPC條碼的應用嘗試，接着在美國和加拿大超級市場成功推廣應用。

1974年，英國、法國、義大利等歐洲12國的大型制造商和銷售商代表決定成立歐洲條碼系統籌備委員會。1977年，歐洲物品編碼協會（EAN）正式成立。在吸取UPC條碼技術的基礎上，歐洲物品編碼協會開發出了與UPC條碼系統兼容的EAN條碼系統，並在歐洲乃至除北美以外的各大洲推行、普及且相當成功。EAN組織實際上已成爲國際性組織，歐洲物品編碼協會隨即在1992年正式更名爲國際物品編碼協會（簡稱仍爲EAN）。

隨著貿易全球化的發展，EAN與UCC兩大組織也從技術合作最終走向了聯合。1989年雙方簽署合作協議（EAN/UCC聯盟I），共同開發了UCC/EAN-128條碼，用於對物流單元的標識等。1997年，雙方再次簽署新的合作協議（EAN/UCC聯盟II），宣告所有EAN成員國（地區）的企業申請UPC代碼都要經過當地EAN組織，同時成爲EAN·UCC成員。2002年UCC正式加入EAN，並宣布從2005年1月1日起，EAN碼也能在北美地區正常使用，這標誌着國際物品編碼協會開始真正成爲全球化的編碼組織。2005年該組織更名爲GSI。

全球經濟一體化的發展趨勢，要求供應鏈管理盡快實現全球標準化。全球通用的物品標識體系則是其重要基礎。GSI的成立使一個全球統一標識系統（GSI系統）成爲現實，該系統是以全球統一編碼體系爲核心，集條碼、射頻等自動數據採集技術和電子商務數據交換等技術爲一體的，服務於供應鏈管理的開放的標準體系。GSI在遍布全球的成員組織支持下，努力創造一個無縫的供應鏈流通環境，極大地促進了傳統商務和電子商務的發展。

三、常用的商品條碼與店內條碼

1. EAN/UPC條碼

（1）EAN-13條碼。

EAN-13碼是用於表示EAN/UCC-13代碼的條碼標識，又稱標準版EAN商品條碼。它主要用於零售商品或非零售商品的標識。EAN-13條碼是由其上部的條碼符號及其下部的供人識別字符（即EAN/UCC-13代碼）兩部分組成（參見圖7-3）。

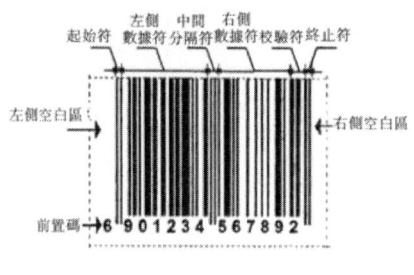

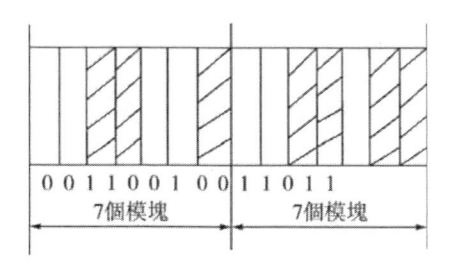

圖 7-3　EAN-13 條碼示例　　　　圖 7-4　模塊組配編碼法條碼字符的構成示例

條碼符號是按照"二進制"和"模塊組配法"原理進行編碼的。"條"或"空"的基本單位是標準寬度的模塊，一個標準寬度的"條"模塊表示二進制的"1"，而一個標準寬度的"空"模塊表示二進制的"0"。條碼符號中的每一個"條"或"空"實際是由 1~4 個標準寬度的模塊組成，條碼的每個字符（數據符）由 2 個條和 2 個空構成，總共是由 7 個標準寬度的模塊組成。如圖 7-4 所示。

EAN 條碼符號是按照特定的編碼規則所組成的寬度不同的條與空的組合。EAN-13 條碼符號由左側空白區、起始符、左側數據符、中間分隔符、右側數據符、校驗符、終止符、右側空白區 8 個部分，共 113 個模塊組成（參見圖 7-5）。EAN-13 條碼的代碼結構為前面已介紹的 EAN/UCC-13 代碼結構。

左側空白區 11個	起始符 3個	左側數據符（表示6位數字）42個	中間分隔符 5個	右側數據符（表示5位數字）35個	校驗符（表示1位數字）7個	終止符 3個	右側空白區 7個

（95個模塊／113個模塊）

圖 7-5　EAN-13 條碼符號構成示意圖

（2）EAN-8 條碼。

EAN-8 條碼是用於表示 EAN/UCC-8 代碼的條碼標識，又稱縮短版 EAN 商品條碼。它主要應用於包裝面積較小的貿易項目。由於縮短版條碼不能直接表示生產廠家，所以只有在不得已時才使用它。其符號結構與 EAN-13 商品條碼的符號結構基本相同，由左側空白區、起始符、左側數據區、中間分隔符、右側數據符、校驗符、終止符、右側空白區 8 個部分，共 81 個模塊組成（參見圖 7-6）。它與 EAN-13 條碼符號的區別在於壓縮了左、右側數據符及其條、空模塊數量。其代碼結構為 EAN/UCC-8 數據結構。

```
|左||起|左側數據符|中|右側數據符|校驗符|終|右|
|側||始|(表示4位數字)|間|(表示3位數字)|(表示1位數字)|止|側|
|空||符| |分| | |符|空|
|白| | | |隔| | | |白|
|區| | | |符| | | |區|
```
　　　　　　　　81個模塊
　　　　　　67個模塊

圖 7-6　EAN-8 條碼符號構成示意圖

（3）UPC-A 條碼。

UPC 條碼與 EAN 條碼完全兼容，也是一種模塊組合型條碼。UPC-A 條碼是 UPC 條碼的標準版，主要用於北美地區零售商品或非零售商品的標識。UPC 條碼的符號結構，由左側空白區、起始符、左側數據符、中間分隔符、右側數據符、校驗符、終止符和右側空白區 8 個部分組成，共 113 個模塊，只是其在各個部分的分布與 EAN-13 條碼不同（參見圖 7-7）。

圖 7-7　UPC-A 條碼示例

UPC-A 條碼代碼結構是 UCC-12 代碼，由 12 位數字組成，代碼結構從左向右分成廠商識別代碼（$N_1 \sim N_6$，其中 N_1 也是系統字符）、商品項目代碼（$N_7 \sim N_{11}$）和校驗碼（N_{12}）三部分。廠商識別碼由 UCC 分配給申請廠商，商品項目代碼由廠商自行編碼，校驗碼用於驗證前 11 位代碼應用的正誤，其計算方法與 EAN/UCC-13 代碼的校驗碼的算法相同。UPC-A 條碼的系統字符，用來標識商品類別，其應用規則如表 7-8 所示。

表 7-8　　　　　　　　　UPC 系統字符的應用規則

系統字符	應用範圍	系統字符	應用範圍
0、6、7	規則包裝的一般商品	4	零售商自用的店內碼
2	不規則包裝的變量商品	5	商家的代金券
3	醫藥及醫療用品	1、8、9	備用碼

（4）UPC-E 條碼。

UPC-E 條碼是北美地區使用的 UPC 條碼的縮短版，其代碼的系統字符 N_1 總是為零，即只有系統字符為零的 UPC-A 條碼才能轉換成 UPC-E 條碼。UPC-E 條碼的代碼由 8 位數字構成，其系統字符 N_1 和 N_8 分別位於起始符和終止符的外側，中間的 6 位數字 $N_2 \sim N_7$ 爲商品項目代碼。UPC-E 條碼沒有中間分隔符，只有當商品或其包裝很小，無法印刷 UPC-A 條碼時，才允許使用 UPC-E 條碼。

2. ITF-14 條碼

ITF-14 條碼是表示 EAN/UCC-14 代碼的條碼標識，只用於不經過 POS 掃描結算的非零售商品。ITF-14 條碼符號較適合直接印刷於瓦楞紙或纖維板的儲運包裝箱上。ITF-14 條碼是在交叉二五條碼的基礎上擴展形成的，交叉二五條碼是連續型、定長、具有自校驗功能，且條、空都標識信息的雙向條碼。

ITF-14 條碼符號由矩形保護框、左側空白區、起始符、條碼字符、終止符、右側空白區組成（參見圖 7-8）。其中起始符由 4 個窄單元組成，次序是條、空、條、空；終止符依次由 1 個寬條、1 個窄空、1 個窄空、1 個窄條組成。爲了防止交叉二五條碼出現誤讀的情況，ITF-14 在應用中將編碼字符的個數固定，還採用保護框，以降低掃描束進入和（或）離開條碼符號的頂部和（或）底部時造成誤讀的可能。

圖 7-8 ITF-14 條碼示例

3. UCC/EAN-128 條碼

UCC/EAN-128 條碼是 EAN·UCC 系統中唯一可用於表示附加信息（如產品批號、規格、數量、生產日期、有效期等）的非定長條碼，主要用於非零售貿易項目、物流單元的標識，也可用於服務、位置的標識。UCC/EAN-128 條碼是目前可用的最完整的、高密度的、可靠的、應用靈活的一維條碼。它允許表示可變長度的數據，並且能將若干個信息編碼在一個條碼符號中。SSCC 和 EAN·UCC 應用標識符以及附加信息數據都可用它表示。

UCC/EAN-128 條碼是由其條碼符號及其所表示的供人識別字符組成。它的條碼符號從左至右由以下 6 個部分組成：左側空白區、雙字符起始圖形（起始符 Start A 或 Start B 或 Start C 和功能字符 FNC1）、數據字符（包括應用標識符）、校驗符、終止符、右側空白區（參見圖 7-9）。FNC1 用於標識 EAN·UCC 系統，校驗符是條碼終止符前面的最後一個字符，在供人識別的字符中不表示出來。

4. 店內條碼

我國標準《商品條碼 店內條碼（GB/T 18283-2008）》將"店內條碼"定義爲"前綴碼爲 20~24 的商品條碼。用於標識商店自行加工店內銷售的商品和變量零售商品"。

我國對店內條碼的使用有嚴格的規定，其中，《商品條碼管理辦法》第二十二條規定："銷售者應當積極採用商品條碼。銷售者在其經銷的商品沒有使用商品條碼的情況下，可以使用店內條碼。店內條碼的使用，應當符合國家標準 GB/T 18283 的有關規定。生產者不得以店內條碼冒充商品條碼使用。"通常，店內條碼只能用於商店內部自動化管理系統，不能對外流通。

圖 7-9 UCC/EAN-128 條碼示例

店內條碼的編碼，按照其碼位可分為 13 碼和 8 碼兩類。其中 13 碼又可分為"不包含價格等信息的 13 代碼"（PLU-13 代碼）和"包含價格等信息的 13 代碼"（NON PLU-13 代碼）兩種類型。當設備掃描到標識 PLU-14 代碼的店內碼時，通常由計算機將存在商品主檔的價格檢索出來，這類店內條碼主要用於銷售量大的商品。而標識 NON PLU-13 代碼的店內碼，因其已含有商品的價格，故多用於以級別計量單位計價的商品。8 位代碼是標準碼的縮短碼，由前綴碼、商品項目代碼和校驗碼組成，其中前綴碼為 2，商品項目代碼由商店自行編制，校驗碼用於檢驗整個代碼的正誤。

案例學習：

商品條形碼的防偽管理功能

假冒偽劣產品使國家、企業和消費者都蒙受了嚴重的損失。打假是保護國家、企業與消費者利益，是正當、有序競爭的必然要求。一個品牌如果不採用有效的防偽手段來保護自己的產品，就可能會受到大量偽造產品的衝擊，大大破壞品牌的形象。

隨著企業經營從粗放型向集約型的轉變，在分銷渠道管理方面，囿於技術和手段的現狀，大多數企業沿用的仍是經營初期傳統的模式和管理方式，這些方式在效率、成本以及可控性等方面的劣勢日益突出。因此，市場環境的變化對企業的渠道管理方式提出了新的要求。

產品條形碼防偽管理可幫助企業對關鍵商品在分銷網路中的有序流動實現嚴格的監督和控制,提高企業的渠道管理水平,降低和規避渠道風險。系統通過應用加密型二維碼技術,對關鍵商品進行精確和保密的標識。通過外地分支機構的商品核查職能,可有效杜絕產品跨區銷售和串貨,防範假冒偽劣產品的衝擊。

1. 創建唯一標識碼

企業在每個產品上面貼上一個唯一標誌的條碼,該條碼可以是加密一維碼或者加密二維碼等,它含有產品的品種信息、生產信息、序列號、銷售信息等,特別是二維條碼可以記錄更詳細的商品的銷售區域、銷售負責人、關鍵配件序列號等數據和信息,從而為商品添加了一個唯一、完整、保密的身份和屬性標識符。

2. 出入庫管理

有了條形碼標籤後,企業便可對商品的出庫、入庫、物流等環節通過快速閱讀條碼實現嚴格監控,並使分銷網路中的各個業務網點具備了強大的商品核查功能,業務網點可根據需要對商品銷售區域、產品屬性等進行核查和匹配,核查功能具體將通過便攜式條碼掃描終端,或通過筆記本電腦加條碼掃描器來實現。

3. 銷售管理

分銷企業通過將二維條碼技術與進銷存軟件、企業廣域網路結合,便可對商品分銷的全流程實現全面、有效、安全的管理和監控,並進一步得到寶貴的商品倉儲、物流、銷售、回款等數據,為企業總部的經營決策提供寶貴的統計信息、數據和報表。具體的功能將包括分銷區域管理(地區管理、負責人管理)、區域業績管理、個人業績管理、報表管理等。

4. 商品防偽

系統首先通過一維、二維條碼實現防偽功能。經過企業加密後的一維、二維條碼,在無法得到密鑰的情況下,其他人員是無法獲取二維條碼中的數據和信息的。此外,由於每件商品的二維條碼各不相同,且與部件及序列號等唯一特定信息相關,其他人員難以偽造,也無法採用光學方法來複製。並且在數據庫中記錄了每一條條碼的物流情況,偽造的條碼沒有數據庫記錄,很容易被系統檢查出來,自動報警。

系統也支持電碼防偽,企業在打印標籤時同時生成一個串號,並粘貼在商品上,最終用戶可以通過撥打服務熱線核查該串號的合法性。此外,企業還可建立防偽查詢網站,供客戶登陸查詢商品串號。

思考題:

1. 說明商品代碼的類型及商品編碼的原則。
2. 商品分類代碼的編制方法有哪些?
3. 說明零售貿易項目標識代碼編制的方法。
4. 常用的商品條形碼及其結構是什麼?

第八章　商品包裝

學習目標：

1. 瞭解商品包裝的概念及作用。
2. 掌握不同分類商品包裝的特點、要求及適用範圍。
3. 熟悉運輸包裝和銷售包裝的基本技法。
4. 掌握運輸商品包裝。

第一節　商品包裝的概述

一、商品包裝的概念

1. 商品包裝的概念

國家標準《包裝術語》（GB/T4122.1-2008）將包裝定義爲：在流通過程中保護產品，方便儲運，促進銷售，按一定技術方法而採用的容器、材料及輔助物等的總稱。也是爲了達到上述目的，而在採用容器、材料和輔助物的過程中施加一定方法等的操作活動。

上述商品包裝概念有兩重含義：一是指盛裝商品的容器及其他包裝用品，即商品包裝物，如箱、桶、袋等；二是指盛裝、包紮或裝潢包裝物的操作過程，如裝箱、灌瓶、裝桶等。通常所説的商品包裝主要是指商品的包裝物。

商品包裝既是社會生產的一種特殊商品，其本身具有價值和使用價值；同時又是商品的重要組成部分，是實現商品價值和使用價值的重要手段。商品包裝的價值包含在商品的價值中，不但在出售商品時得到補償，而且會因其特定功能而得到超額補償。

2. 商品包裝的構成要素

從實體構成來看，任何一種商品包裝，都是採用一定的包裝材料，通過一定的技術和藝術創造，形成各自獨特的結構、造型和外觀裝潢。因此，包裝材料、包裝技術、包裝結構造型與表面裝潢藝術是構成包裝實體的四大要素。

包裝材料是商品包裝的物質基礎，是包裝功能的物質承擔者。包裝技術是實現商品包裝保護功能，保護内裝物質量的關鍵要素。包裝結構造型是指商品包裝材料和包裝技術、藝術的具體形式。包裝裝潢是通過藝術畫面和文字美化，宣傳和介紹商品的主要手段。這兩大要素的完美結合，構成了商品包裝實體的物質和文化内涵。

二、商品包裝的作用

商品包裝在商品從生產領域轉入流通和消費領域的整個過程中起着非常重要的作用，其基本功能有容納商品、保護商品、方便流通、促進銷售和便利消費。

1. 容納商品

容納是商品包裝最基本的功能，許多商品本身沒有一點的集合形態，如液體、氣體和粉狀商品，依靠包裝的容納而具有特定的商品形態，沒有包裝它們就無法運輸、儲存和銷售。包裝的容納功能不僅有利於商品儲存、運輸、銷售和使用，而且還能提高商品價值。容納還能增強商品的穩定性和安全性，使得商品外形整齊，形成標準單元，達到充分利用包裝容積、節約包裝費用、節省儲運空間、實現效用最大化的效果。

2. 保護商品

包裝的保護功能是最基本，也是最重要的功能。商品在流通過程中，會受到各種外界因素的影響，可能發生物理、機械、化學、生理學等變化，造成商品損失、損耗。如：在儲存和流通過程中發生老化、氧化、銹蝕、脫水、融化等現象；在商品運輸和裝卸過程中因顛簸、衝擊、震動、碰撞或堆碼過高而使商品破損、變形、損傷和散失；微生物和蟲鼠侵入導致商品的霉變、變質、蟲蛀等。因此，應根據商品的特性和儲運、銷售環境，進行合理包裝，充分發揮包裝的保護功能，最大限度地減少商品損耗。

3. 方便流通

商品包裝爲商品在流通領域的流轉和在消費領域的使用提供了便利。在流通領域，將商品按一定的數量、形狀、規格、大小等實施合理的包裝，運用恰當的標誌，可以方便運輸、裝卸、儲存、分發、清點、銷售、識別、開啓和携帶，方便使用和回收，可以提高商品物流環節的適應性，使物流技術管理快捷、準確、可靠、便利。同時，包裝提供的便利功能還應適合市場行銷的需要，爲消費者帶來方便，以幫助擴大商品銷售。

4. 促進銷售

商品包裝特別是銷售包裝，是無聲的"推銷員"。精美的包裝能引起消費者的註意，喚起消費者的共鳴，激發消費者的購買慾望，促進商品的銷售。包裝的促銷功能，是由包裝的信息傳達功能、商品表現和美化功能引起的。信息傳達功能主要是指通過包裝上的文字說明，向消費者介紹商品的名稱、品牌、產地、成分、功用、使用方法、產品標準等信息，起到宣傳商品、指導消費的作用。表現與美化功能主要是指通過包裝上的圖案、照片、開窗或透明展示實物，以及包裝裝潢設計和造型安排等起到促進商品銷售的作用。隨著市場經濟的發展，包裝的促銷功能越來越被人們重視，得到了不斷的開發和運用。

5. 便利消費

銷售包裝隨著商品一起出售給消費者，必須具有方便、指導消費的作用。包裝的大小、形狀要便於消費者携帶、保存和使用，尤其是反復使用的小包裝。包裝的圖案、商標、文字說明等，要產生商品的真實感，介紹商品的成分、性質、用途和使用方法、使用期限，保證最大限度地發揮商品功能。包裝上的使用說明還要對使用中可能發生的問題提出警告，並對處理方法給予指導，以免消費者的利益受損。甚至考慮商品在被消費後，其包裝還可作他用。

第二節　商品包裝分類與要求

一、商品包裝的分類

1. 按包裝目的分類

（1）銷售包裝。

銷售包裝是以銷售爲主要目的，與內裝商品一起到達消費者手中的包裝，也稱爲內包裝。它具有保護、美化、宣傳商品，便於陳列，促進銷售，方便消費者選購、携帶、使用的作用。銷售包裝可以是單體包裝，即只包裝一種或一套商品的包裝，也可以是配套包裝，即把品種相同規格不同或品種用途相關的數件商品搭配在一起的包裝，如乒乓球和乒乓拍在一起的包裝。銷售包裝往往以其新穎、優美的造型、圖案、色彩和使人印象深刻的品名、品牌、標誌以及文字説明，起到自我推銷的作用。但銷售包裝應該遵從節約資源、能源和廢棄物資源化利用的原則，選擇和採用合理、恰當的適度包裝，避免採用破壞生態環境和侵害消費者利益的過度包裝。

（2）運輸包裝。

運輸包裝是指以運輸儲存爲主要目的的包裝，又稱外包裝。它具有保障商品貨物安全，方便儲運、裝卸，加速交接和點驗等作用。運輸包裝通常可分爲單件運輸包裝和集合運輸包裝。單件運輸包裝是指貨物在運輸過程中作爲一個計件單位的包裝，常用的有箱、包、桶、袋、簍、罐等。集合運輸包裝是指將若干單件運輸包裝組合成一件大包裝，以便更有效地保護商品，提高裝卸效率和節省運輸費用。在國際貿易中，常見的集合運輸包裝有集裝袋和集裝箱。集裝袋是一種用聚丙烯、聚乙烯等合成纖維編織而成的柔性運輸包裝容器。它們的載重量爲 0.5~3 噸，容積爲 500~2 300 升，形狀有圓形、方形和 U 形等，廣泛用於食品、糧谷、醫藥、化工、礦產品等粉狀、顆粒狀、塊狀物品的運輸包裝。集裝箱，是指具有一定強度、剛度和規格，專供周轉使用的大型裝貨容器。有干貨集裝箱、散貨集裝箱、液體貨物集裝箱、冷藏箱集裝箱以及一些特種專用集裝箱，載重量一般爲 2.5~30 噸。使用集裝箱轉運貨物，可直接在發貨人的倉庫再裝貨，運到收貨人的倉庫再卸貨，中途更換車、船時，無須將貨物從箱內取出換裝。

2. 按包裝材料分類

（1）紙質包裝。

紙質包裝是指以紙與紙板爲原料制成的包裝。紙和紙板是支柱性的傳統包裝材料，消耗量大，應用範圍廣，其產值占包裝總產值的一半左右。紙質包裝具有適應性強、耐衝擊與摩擦、易加工、好印刷、可回收、價格低、重量輕等諸多優點。不足之處是氣密性、防潮性、透明性差，目前通過紙塑複合來彌補其不足。

常見的用紙質材料制成的包裝有紙箱、紙盒、紙桶、紙袋等，用量最多的是瓦楞紙箱，廣泛應用於包裝日用百貨、家用電器、服裝鞋帽、水果蔬菜等。瓦楞紙箱正在向規格標準化、功能專業化、輕重量高抗壓等方向發展。此外牛皮紙包裝袋也是用量較大的紙質包裝。

（2）木制包裝。

木制包裝是指以木材、木制品和人造板材（如膠合板、纖維板等）制成的包裝。木材具有特殊的耐壓、耐衝擊和耐氣候的特點，並有良好的加工性能，目前仍是大型和重型商品運輸包裝的重要材料，也用於包裝那些批量小、體積小、重量大、強度要求高、易碎的商品。常用的木制包裝有木箱和木桶。木材作爲包裝材料雖然具有獨特的優越性，但由於森林資源的匱乏、環境保護要求、價格高等原因，其發展潛力不大。目前，木制包裝容器已逐步減少，正在被其他包裝容器所取代。

（3）金屬包裝。

金屬包裝是指以黑鐵皮、白鐵皮、馬口鐵（鍍錫低碳薄鋼板）、鋁箔、鋁合金等制成的各種包裝。金屬材料的優點是：具有良好的機械強度，牢固結實，耐衝擊、不破碎，能有效保護內裝商品；密封性能優良、阻隔性好、耐光照；延展性強，易加工成型，易於表面裝潢、回收再利用，不污染環境等。金屬包裝主要用於裝運各種防泄漏、遮光、防潮、防水、密封性要求高的液態、氣態或粉末狀商品。金屬材料的不足之處是成本高、生產能耗大，且化學穩定性差，易鏽蝕和腐蝕等，故其應用受到限制。

（4）塑料包裝。

塑料包裝是指以人工合成樹脂爲主要原料的高分子材料制成的包裝。塑料是上世紀發展起來的新興材料，使現代商品包裝發生了革命性改變，可以用於各種形式、各種品種、不同程度地替代迄今爲止發現及常規使用的任意一種包裝材料及容器。塑料包裝在整個包裝中的比例僅次於紙和紙板，包裝用塑料的占有量占塑料總消費的1/4，在許多方面已經取代或逐步取代了傳統包裝材料。

塑料包裝的優點表現在：物理、機械性能優良，具有一定的強度和彈性，耐折疊、耐摩擦、耐衝擊、抗震動、抗壓、防潮、防水、氣密性好；化學穩定性好，耐酸碱、耐油脂、耐化學藥劑、耐腐蝕、耐光照等；比重小，是玻璃的1/2，鋼鐵的1/5，屬於輕質包裝材料；加工成型工藝簡單，適合採用各種包裝新技術，如真空、充氣、拉伸、收縮、貼體等；具有優良的透明性，表面光澤好、印刷性能好；可與紙、金屬等傳統材料制成複合材料拓展應用範圍。當然塑料也有目前難以克服或不易克服的弱點，如機械強度不如鋼鐵、化學穩定性不如玻璃、易老化，不少塑料有異味和毒副作用，包裝廢棄物不易甚至不能自然降解等。但塑料包裝發展前景廣闊，其弱點會逐漸被克服。

（5）玻璃與陶瓷包裝。

玻璃與陶瓷包裝是指以硅酸鹽材料玻璃與陶瓷制成的包裝。玻璃化學穩定性好，透明性好、無毒、無味、衛生、安全；密封性良好，不透氣、不透水；易於加工成型，原料來源豐富，制成成本低；易回收，能重複使用，利於環保。但玻璃耐衝擊性弱，自身重量大，給運輸、裝卸等帶來困難，運輸成本高。常見的玻璃容器有瓶、罐、缸等，主要用於酒類、飲料、罐頭食品、調味品、藥品、化學試劑等食品的銷售包裝。

陶瓷化學穩定性好、耐酸鹼腐蝕、遮光性優異、密封性好，成本比玻璃更低，可製成缸、罐、壇、瓶等多種包裝容器，廣泛應用於各種發酵食品包裝，如醬菜、腌菜、咸菜、調味品及化工原料等的包裝。

（6）纖維製品包裝。

纖維製品包裝是指以棉、麻、絲等天然纖維和以人造纖維、合成纖維的織品製成的包裝。主要用於製袋或包裹商品，如布袋、麻袋，有適宜的牢度、輕巧、使用方便，適用於盛裝糧食及其製品、食鹽、食糖、農副產品、化肥、化工原料、中藥材等粉末狀、顆粒狀商品。此外竹類、野生藤類、樹枝類和草類等材料是來源廣泛、價格低廉的天然包裝材料。用它們編織成的容器具有通風、輕便、結實、造型獨特等特點，適用於包裝各種農副土特產品。

此外，還有複合材料類的包裝，它是指用兩種或兩種以上材料粘合製成的包裝。

二、商品包裝設計的基本要求

1. 運輸包裝設計的基本要求

運輸和儲存是商品在流通中受到外界破壞作用最多的兩個環節。因此，運輸包裝設計中要註意三點：首先，包裝應是一個堅固的防護體，以便在運輸、裝卸中有效地防止外力對商品的破壞，並在堆碼上能承受上層商品的壓力。其次，包裝的尺寸應標準化，因為商品的空間運動要經過若干環節，不同的環節有不同的運輸工具和儲存條件，有一個環節間聯繫、系統銜接的問題，也即是包裝尺寸的標準化問題。不僅包裝容器需要標準化，在設計中還應考慮材料、性能、檢驗方法、碼頭、裝卸工具、倉庫和運輸車輛的標準化，這樣才能充分體現高效、經濟、迅速、安全的原則。目前許多國家均規定，對非標準包裝的商品不予接受。最後，應有醒目的包裝標誌，以使得商品能準確安全地到達目的地。包裝標誌分為三類，即識別標誌、指示標誌和危險標誌。識別類標誌用於標識商品的基本信息，指示類標誌用以標識商品搬運裝卸的要求，危險標誌用以標識危險商品的種類。此外，包裝設計還應做到經濟、可回收利用，廢棄物對環境無害等。

2. 銷售包裝設計的基本要求

銷售包裝的基本要求主要體現在設計工作上，它的質量和水平直接關係到商品銷售狀況。銷售包裝設計要求造型結構科學，能將商品信息宣傳和視覺審美傳達融為一體，做到貨架形象鮮明突出、包裝文字清晰易懂、商標圖形獨特醒目、裝潢設計美觀大方。

從包裝的裝潢設計上看，首先要求形式必須服從內容，內容描述的語言符合商品特徵，表達形式能準確揭示內容所傳遞的信息，是溝通生產者、經營者和消費者的重要紐帶。其次，要重視裝潢設計中的商標牌名的市場展示作用，充分考慮其在包裝圖案畫面中的地位，大小位置和商標聯想等設計合理。最後，裝潢設計要能滿足消費者在審美方面的需求，給予消費者足夠的心理暗示。

從包裝的造型設計上看，應註意造型與內裝商品的形態、尺寸等相吻合，且方便經營與銷售，使得包裝造型美觀又實用。例如：為方便陳列，可設計有懸掛式、可堆叠式包裝；爲方便消費者選購，可設計透明式、開窗式包裝；爲方便消費者使用，可設計便携式、噴霧式包裝。同時，還應考慮包裝的使用習慣，是否採用配套包裝、複合包裝、禮品包裝等。

第三節　商品包裝技術

一、運輸包裝技術

1. 緩衝包裝

緩衝包裝是指爲了減緩商品受到的衝擊和震動，確保其外形和功能完好而設計的具有緩衝、減震作用的包裝。一般的緩衝包裝有三層結構，即內層商品、中層緩衝材料、外層包裝箱。緩衝材料在外力作用時能有效地吸收能量，及時分散作用力而保護商品。緩衝依據商品性能特點和運輸裝卸條件，分爲全面緩衝法、部分緩衝法和懸浮式緩衝法。全面緩衝法是指在商品與外包裝之間填滿緩衝材料，對商品所有部位進行全面緩衝保護。部分緩衝法是指在商品或內包裝件的局部或邊角部位使用緩衝材料襯墊。這種方法對於某些整體性好或允許加速度較大的商品來說，既不減低緩衝效果，又能節約緩衝材料，降低包裝成本。對於允許加速度小的易碎或貴重商品，爲了確保安全，可以採用懸浮式緩衝法。這種方法採用堅固的容器外包裝，把商品或內包裝用彈簧懸吊在外包裝容器中心，通過彈簧的緩衝作用保護商品，以求萬無一失。

2. 防潮、防銹包裝

運輸包裝在運輸過程中情況複雜，經常受到雨水、海水、濕潤空氣的侵襲，一些商品本身吸濕性強，容易出現受潮、生銹、變質等情形，如醫藥品、皮革、纖維製品、金屬製品等。因此運輸包裝一般對防潮、防銹要求較高。防潮包裝就是選用防潮材料，對商品進行包裝，以防止空氣中的潮氣對內裝商品的影響，使包裝內的相對濕度符合產品要求，從而延長其貨架壽命的包裝方法。防潮包裝材料中，複合金屬和玻璃效果最佳，塑料其次，紙板、木板最差。常用的防潮方法有多層密封、抽取真空、充氣、加入干燥劑等。

防銹包裝是指在金屬製品的儲運過程中，爲防止其生銹而採取一定的防護措施的包裝。目前採用的防護措施有兩種：一是氣相防銹紙，即將塗有緩蝕劑的一面面向內包裝製品，外層用石蠟紙、金屬箔、塑料等材料密封包裝，若包裝空間過大，則可填加適量防銹紙片或粉末；二是採用收縮或拉伸塑料薄膜封存、可剝性塑料封存和繭式防銹包裝、套封式防銹包裝，以及充氮和干燥空氣等封存法防銹。

3. 防霉包裝

防霉包裝是指爲了防止內裝物長霉影響質量而採取一定防護措施的包裝。防霉包裝技術可分爲兩大類：一類是密封包裝，另一類爲非密封包裝。採用密封包裝時，一般將密封容器內抽成真空，置換爲惰性氣體，或放入硅膠、硅鋁膠等干燥劑，也可放置適量的除氧劑或揮發性防霉劑。非密封性包裝是指對易長霉的產品經有效防霉處理後，外包防霉紙，然後再包裝。對長霉敏感性較低或吸水率低的產品，可在包裝箱兩端面的上部開設通風窗，以控制包裝箱內的含濕量。

4. 集合包裝

把需要運輸的已包裝好的商品集中起來，組成一個合適的運輸單元或銷售單元的包裝，稱爲集合包裝。集合包裝便於運輸和裝卸，能提高裝卸效率，減少裝運費用，保護商品，減少損耗，促進商品包裝標準化。常見的集合包裝有集裝箱、集裝袋和托盤集合包裝。

集裝箱是指具有固定規格和足夠強度、能裝入若干件貨物或散裝貨的專用於周轉的大型容器。根據材料、結構或功能的不同，集裝箱有不同的分類，如箱式、柱式集裝箱，氣調型、溫控型集裝箱等，企業應該根據需要選用不同的集裝箱。集裝袋是一種四周有提吊帶，含有抽口式活口的圓形或方形的大型集合包裝。集裝袋要求能盛裝顆粒狀、粉塵狀甚至液態的貨物，且可重複使用，因而對防水透氣性和結實耐磨性等要求很高。托盤兼備包裝容器和運輸工具雙重作用，它是指在一件或一組貨物下面附加墊板，且方便叉車作業的，集貨物本身和特製墊板爲一體的集合包裝。托盤集合包裝要求將靜態的貨物轉化爲動態的貨物，要求使裝卸、堆碼等作業簡化，節省包裝費用和存儲空間，有效保護商品安全和減少損失與污染。

二、銷售包裝技法

1. 貼體包裝

貼體包裝是指將產品放在能透氣的、用紙板或塑料薄片（膜）制成的底板上，上面覆蓋有加熱軟化的塑料薄片（膜），通過底板抽成真空，使薄片（膜）緊貼商品，同時以熱熔或膠粘的方式使薄片（膜）與紙板粘合的包裝。貼體包裝技法廣泛應用於商品銷售包裝，它的特點是：通常形成透明包裝；顧客可以觀看商品體的全部，加上補貼造型和印刷精美的襯底，大大增加了陳列效果；能牢固地固定商品，防止商品受各種物理機械作用而損壞；同時有防盜、防塵、防潮等保護作用。其廣泛適用於外形多樣、怕壓、易碎的商品，如日用器皿、燈具、文具、小五金、玩具等。

2. 泡罩包裝

泡罩包裝是指將產品封在用塑料薄片形成的泡罩與底板之間的一種包裝方法。主要由兩個構件組成：一是剛性或半剛性的塑料透明罩殼；二是用塑料、鋁箔或紙板作爲原料的底板。罩殼和底板之間通過粘接、熱合、釘裝等方式進行組合。這種技法廣泛應用於藥品、食品、玩具、文具、小五金、小商品等的銷售包裝。泡罩包裝有較好的阻氣性、防潮性、防塵性，清潔衛生，取用方便。泡罩包裝還有一定的立體造型，具有良好的陳列效果和視覺效果，對於大批量的藥品、食品、小件物品，易實現包裝自動化流水作業。泡罩包裝按泡罩的不同可分爲泡眼式、罩殼式和淺盤式三類。

3. 收縮包裝

收縮包裝是指將經過預拉伸的塑料薄膜裹包在被包裝商品的外表面，然後加熱使薄膜收縮包緊產品的組合包裝方法。它被廣泛應用於銷售包裝上，是一種很有發展前途的包裝技術。透明的收縮薄膜緊貼於商品之上，能充分顯示商品的色澤、造型，用於包裝蔬菜、玩具、工具、魚、肉類等異形商品，大大增加了陳列效果。薄膜材料有一定的韌性，棱角處不易被撕裂，可將零散的多件商品方便地包裝在一起，如幾盒磁帶等，對一般商品起到防潮、防污染的作用，對食品能起到一定的保護作用。

4. 真空包裝

真空包裝是指將產品裝入氣密性包裝容器，抽取容器內的空氣，使密封後的容器內達到預定真空度的一種包裝方法，廣泛應用於食品瓶罐等硬裝容器的包裝中。真空包裝技法能防止油脂氧化、維生素分解、色素變色和香味消失，能抑制霉菌的生長。真空包裝的商品冷凍後，其表面無霜，並可保持食品本色，但也往往造成褶皺。真空包裝技術應用於羽絨等鬆泡商品上，能使包裝體明顯縮小，同時還能防止蟲蛀、霉變。

5. 充氣包裝

充氣包裝是指將產品裝入氣密性的包裝容器中，在密封前，用氮、一氧化碳等氣體置換容器中原有的空氣，從而使密封後容器內僅含少量氧氣（1%～2%）的一種包裝方法。充氣包裝技法大量使用在食品包裝上，也應用於日用工業品的防銹和防霉。用於食品包裝，能防止氧化，抑制微生物繁殖和害蟲的發育；能防止變色、香氣散失等，如豆製品、面包、花生仁、紫菜、火腿、燒雞、奶粉等都可採用此種包裝技術。充氣包裝也適用於包裝粉狀、液狀、質軟或有硬尖棱角的商品。

6. 無菌包裝

無菌包裝是在罐頭包裝的基礎上發展而成的一種新技術。無菌包裝是指先將食品、包裝容器、包裝輔助物滅菌後，再在無菌的環境中進行充填和封合的一種包裝方法。與罐頭包裝相比，無菌包裝的特點是：採用超高溫殺菌，一般加熱時間僅幾秒，又立刻冷卻，所以能較好地保存食品原有的營養素、色香味和組織狀態；殺菌所需熱能比罐頭少25%～50%；冷卻以後包裝，可以使用不耐熱、不耐壓的容器，如塑料瓶、紙盒等，既降低成本，又便於消費者開啟。無菌包裝適用於液體食品包裝。

第四節　商品包裝標誌

一、運輸包裝標誌

運輸包裝標誌是指在運輸包裝的外部印制的文字、符號、數字、圖形以及它們的組合，以便於商品的儲存、運輸、裝卸。運輸包裝標誌分爲收發貨標誌、指示性標誌、警告性標誌。

1. 收發貨標誌

收發貨標誌又稱爲嘜頭，是指在商品運輸包裝上印制的反應收貨人和發貨人、目的地或中轉地、件號、批號、體積、重量以及生產國家或地區等內容的簡單幾何圖形、特定字母、數字和簡短的文字等。收發貨標誌是運輸過程中識別貨物的標誌，也是一般貿易合同、發貨單據和運輸保險文件中記載有關標誌事項的基本部分。

收發貨標誌中，除分類標誌爲必用內容外，其他各項可自行選用。分類標誌的圖形，收發貨標誌的字體、顏色、標誌方式、標誌位置，在國家標準（GB6388-86）中均有具體規定。如表 8-1 所示。

表 8-1　　　　　　　　　　　運輸包裝收發貨標誌

序號	代號	項目 中文	項目 英文	含義
1	FL	商品分類圖形標誌	CLASSIFICATION	表明商品類別的特定符號
2	GH	供貨號	CONTRACT NO	供應該批貨物的供貨清單號碼（出口商品用合同號碼）
3	HH	貨號	ART NO	商品順序編號，以便出入庫、收發貨登記和核定商品價格
4	PG	品名規格	SPECIFICATIONS	商品名稱或代號：標明單一商品的規格、型號、尺寸、花色等
5	SL	數量	QUANTITY	包裝容器內含商品的數量
6	ZL	質量(毛重)、(淨重)	GROSS WT NET WT	包裝的質量（kg），包括毛重和淨重
7	CQ	生產日期	DATE OF PRODUCTION	產品生產的年、月、日
8	CC	生產工廠	MANUFACTURER	生產該產品的工廠名稱
9	TJ	體積	VOLUME	包裝件的外徑尺寸長（cm）×寬（cm）×高（cm）＝體積（cm^3）
10	XQ	有效期限	TERM OF VALIDITY	商品有效期至×年×月
11	SH	收貨地點和單位	PLACE OF DESTINATION AND CONSIGNEE	貨物到達站、港和某單位（人）收（可用貼簽和塗寫）
12	FH	發貨單位	CONSIGNOR	發貨單位（人）
13	YH	運輸號碼	SHIPPING NO	運輸單號碼
14	JS	發運件數	SHIPPING PIECES	發運的件數

2. 指示性標誌

指示性標誌，也稱爲儲運圖示標誌，是指根據不同商品對物流環境的適應能力，用醒目簡潔的圖形和簡單的文字表明在裝卸、運輸及儲存過程中應註意的事項。我國強制性國家標準（GB191-2008）規定了包裝儲運圖示標誌的名稱、圖形符號、尺寸、顏色及應用方法。包裝儲運圖示標誌參見表 8-2。

商品學

表 8-2　　　　　　　　　　　包裝儲運圖示標誌

序號	標誌名稱	標誌圖形	含義
1	小心輕放		運輸包裝內裝易碎品，搬運時應小心輕放
2	禁用手鉤		搬運包裝件時禁用手鉤
3	向上		表明運輸包裝件的正確位置是豎直向上
4	怕熱		表明運輸標準件不能被直接照曬
5	遠離放射源及熱源		包裝物品一旦受到輻射會完全變質或損壞
6	由此吊起		起吊貨物時掛繩索的位置
7	怕濕		運輸包裝件怕雨淋
8	重心點		表明包裝件的重心位置
9	禁止翻滾		搬運時不能翻滾運輸包裝件
10	堆碼重量極限		表明包裝件所能承受的最大堆碼重量極限
11	堆碼層數極限		包裝件能承受的的最大堆碼層數（N層）
12	溫度極限		表明運輸包裝件應該保持的溫度範圍
13	禁用手推車		表明搬運貨物時此面禁止放在手推車上

表8-2(續)

序號	標誌名稱	標誌圖形	含義
14	禁用叉車		表明不能用升降叉車搬運的包裝件
15	禁止堆碼		表明該包裝件只能單層堆放

3. 警告性標誌

警告性標誌又稱爲危險貨物包裝圖示標誌，是指在易燃品、易爆品、有毒物品、腐蝕性物品和放射性物品等危險貨物的運輸包裝上印制的特殊的圖形和文字，是用來表示危險貨物的物理、化學性質，以及危險程度的標誌，以警示和提醒人們在運輸、儲存、保管、搬運等活動中應注意和採取應對措施。

我國強制性國家標準（GB190-2009）將危險貨物包裝標誌分爲危險貨物包裝標記和危險貨物包裝標籤兩類。危險貨物標籤參見表8-3。

表8-3　　　　　　　　　　　　危險貨物標籤

序號	標籤名稱	標籤圖形
1	爆炸性物質或物品	符號：黑色　底色：橙黃色
2	壓縮氣體和液化氣體	易燃氣體 符號：黑色/白色 底色：紅色 非易燃無毒氣體 符號：黑色/白色 底色：綠色 有毒氣體 符號：黑色 底色：白色

111

表8-3(續)

序號	標籤名稱	標籤圖形	
3	易燃液體		符號：黑色或白色 底色：紅色
4	易燃固體		易燃固體/易自燃物質 符號：黑色或白色 底色：紅色 遇水放出易燃氣體的物質 符號：黑色或白色 底色：藍色
5	氧化劑和有機過氧化物		5.1 氧化劑 5.2 有機過氧化物 符號：黑色 底色：黃色
6	毒害品和感染性物品		6.1 有毒物質（骷髏頭） 6.2 感染性物質 符號：黑色 底色：白色
7	放射性物品		Ⅰ級放射性物質 FISSILE 裂變性物質 符號：黑色 底色：白色 Ⅱ級放射性物質 Ⅲ級放射性物質 符號：黑色 底色：上黃下白
8	腐蝕性物品		符號：黑色 底色：上半部白色，下半部黑色帶白邊

表8-3(續)

序號	標籤名稱	標籤圖形
9	雜類危險物質和物品	符號：黑色　底色：白色

二、銷售包裝標誌

　　銷售包裝標誌是指在銷售包裝上使用的一切文字、圖形、符號及其他說明。它包括一般標誌、質量標誌、使用方法與注意事項標誌、原材料與成分標誌、產品性能標誌等。

　　一般標誌一般用文字來表現，基本內容包括商品名稱、商標、規格、數量、成分、產地、用途、功效、使用方法、保養方法、批號、品級、商品標準代號、條形碼等。對部分重要商品，國家實行強制性標準來統一標誌，如根據 GB7718-94《食品標籤通用標準》，食品標籤上應標明規定的基本內容，如食品名稱、配料表、淨含量及固形物重量、廠名、批號、日期標誌及儲存指南、食用方法指導、質量等級、商品標準代號等。其使用方法及注意事項在此以服裝洗滌熨燙標誌為例，參見表8-4 的示例。

表 8-4　　　　　　　服裝洗滌熨燙標誌

只能手洗	只可機洗	不能水洗	可以干洗
不可熨燙	熨燙溫度不超過110℃	須墊布熨燙	須蒸汽熨燙
不可使用干衣機	禁止氯漂	熨燙溫度不超過150℃	熨燙溫度不超過200℃
懸掛晾干	平攤晾干	陰干	滴干

　　商品的質量標誌是說明商品所達到的質量水平的標誌，主要包括優質產品標誌、產品質量認證標誌、商品質量等級標誌等。此外還有使用方法及注意事項標誌、產品

的性能指示標誌、銷售包裝的特有標誌、產品原材料與成分標誌等。

案例學習：

商品包裝不要花架子

　　不久前，記者陪同從國內來的朋友在柏林購物，他在"鱷魚"專賣店買了幾件名牌T恤。售貨員用一個白紙袋來盛裝T恤，朋友要求商店提供鱷魚專用包裝，但售貨員卻說，他們早就不使用那種包裝了。這位朋友還想買些德國特產帶回國送人，但轉了幾家商店都不滿意。他的結論是，德國的東西很好，但包裝太一般，回國無法當禮物送人。

　　顯然國人在商品包裝的理念上與歐洲人有很大差異。德國10年前就開始倡導商品的"無包裝"和"簡單包裝"，強調包裝要無害於生態環境、人體健康並可循環利用或再生，從而節約資源和能源。以人們送禮的各種酒為例，在德國，大部分中高檔酒沒有任何包裝，人們去朋友家做客，通常是買一瓶葡萄酒，自己用彩色包裝紙一裹，再系上一條彩帶。德國人在商品的選購上更注重內容而非形式。因為商品最重要的是內在質量，外部包裝應該是"錦上添花"，而不是"喧賓奪主"。對絕大多數德國消費者來說，貨真價實、物有所值是取捨商品的最重要標準。德國消費者協會的施密特先生告訴記者，適度包裝有助於提高商品的檔次，防止商品在流通過程中受到損壞，但不分品種和價值高低統統過度包裝就有欺詐之嫌了。根據德國包裝法的規定，凡包裝體積明顯超過商品本身的10%以及包裝費用明顯超出商品售價的30%，就應被判定為侵害消費者權益的"商業欺詐"。

　　隨著人們環保意識的提高，綠色消費在德國已經蔚然成風。記者的一位在柏林技術大學環保系擔任教授的朋友在談到這個問題時說，就德國老百姓而言，簡單包裝更符合消費者的心理需求。老百姓對要購買的商品除了要看質量以外，還要看它會不會污染環境，會不會破壞生態。他們在購買商品時注重的是以下幾個方面：一是選擇少用包裝、加工比較簡單的產品；二是講究生態效益，選擇對環境污染少，對生態有利的產品；三是選擇不嚴重剝削勞工，不侵犯當地居民生存權，不進行不道德動物試驗的產品；四是選擇不含或少含化學成分的食品。

思考題：

1. 商品包裝的概念及作用是什麼？
2. 如何按材料對商品包裝的進行分類？說明其特點。
3. 常用的銷售包裝技法有哪些？
4. 常見的運輸包裝標誌有哪些？

第九章　商品儲運與養護

學習目標：

1. 瞭解商品運輸的概念與方式，以及商品儲存的概念。
2. 瞭解商品儲運期間的質量變化。
3. 掌握商品儲存期間應當實施的質量管理。
4. 掌握儲運商品養護的主要方法。

第一節　商品儲運概述

一、商品運輸

1. 商品運輸的概念

商品運輸是指商品在空間上的流通或移動的過程。運輸一是指地區間或物流中心的倉庫之間的長距離、大宗物品的輸送活動；二是指配送，即由配送中心或商店向客戶提供的短距離、少量物品的輸送活動。

商品運輸最終所要解決的是商品如何從產地順利地到達銷地的問題，或者說是商品如何從製造商經由批發商、零售商到達消費者手中的問題，其本質是克服空間距離的問題。例如，有些商品像煤炭、鋼鐵，是在個別地區集中生產，分散銷售，有些是在某一特定地區生產，全國消售，這都必須通過運輸來解決。所以，做好商品運輸工作是使商品流通能正常進行的根本保證。

2. 商品運輸方式及特點

（1）鐵路運輸。

鐵路運輸具有受天氣影響小、中長途貨運費用低、運輸能力和安全系數較大、網路覆蓋面較廣等優點，但與公路運輸相比，缺乏靈活性和機動性，不適合短距離運輸和緊急運輸，商品滯留時間長且裝卸地點不能隨意變更。鐵路運輸可分為集裝箱運輸和車皮運輸兩種方式。前者具有運輸周轉速度快、防止商品受損、裝載效率高、運輸成本低等優點。後者適合輸送大宗商品，但運輸效率較低，且需要配備專用的搬運和裝卸裝置。

（2）公路運輸。

公路運輸主要以卡車為運輸工具，包括專用運輸車輛，如集裝箱、散裝、冷藏、危險品等運輸車輛。大型運輸車輛適合長距離大宗商品的運輸，中小型運輸車輛適合短距離的商品配送。公路運輸的優點是：不受路線和車站的約束，較靈活、機動，可直接把商品從發貨處送到收貨處，集散速度較快，適合市內配送，近距離運輸費用低，可以簡化包裝。其缺點是：不適合大批量的長途運輸，運輸能力較小，運輸質量和安全性較低。

（3）水路運輸。

水路運輸是一種較爲經濟的運輸方式，它依託海洋、河流和湖泊進行運輸，成本低廉，主要有遠洋、近洋、河流和湖泊運輸等幾種形式。它以船舶爲運輸工具，包括專用船、集裝箱船、冷藏船、混裝船等。其優點是：長距離運輸費用低廉，特別適合超大型、超重型的大批量的商品運輸。缺點是：受天氣、航道等自然條件限制，使用範圍相對較窄，運輸速度慢、航行週期長、運輸時間難以保證，港口設施要求高，搬運成本高。

（4）航空運輸。

航空運輸主要有客運飛機、客貨混載機和專用貨物運輸機三種運輸工具，其中專用貨物運輸機具有良好的應用前景，尤其是其單元化的裝載系統，有效地縮短了商品裝卸時間。航空運輸的最大優點是：速度快，適合高附加值、高時效性的小批量商品，如保鮮食品的運輸。此外，航空運輸具有安全系數大、商品損壞少、不受地理條件的限制等優點。航空運輸的缺點是：費用高、質量（重量）受限制，物流中心或倉庫不能離機場太遠。

（5）管道運輸。

管道運輸有地面、地下和架空三種方式，主要適合自來水、石油、煤氣、煤漿、成品油、天然氣等液態、氣態商品的運輸。近年來，隨著技術的發展，管道運輸已用於粒狀商品（如礦石粉）的短距離配送。管道運輸的優點是：不占用或較少占用地面空間，維修成本低，運輸效率和設備運轉效率高，安全系數大。缺點是：對管道運輸技術水平有較高的要求，不適合固態商品的運輸。

二、商品儲存

1. 商品儲存的概念

商品儲存是指商品在流通中的暫時停留過程，物流中稱之爲"保管"，是保存和管理物品的一系列活動的總稱。商品儲存形成的原因在於商品生產與商品消費的不一致或背離。例如，有些商品是常年均衡生產，而消費則相對集中於某個季節；有些商品是季節性生產，卻需要常年供應。另外，商品生產的批量性與商品消費的零星性的矛盾，也會導致生產與消費在時間上的背離，由此形成供求矛盾。例如，批發企業處於生產企業和零售企業之間，發揮着中間商的"商品傳遞"作用。一方面，下遊的零售企業需要批發企業細水長流地向其提供小批量、多批次、多品種的商品，另一方面，上遊的生產企業卻希望批發企業盡快地、不斷地購進大批量的商品。爲了能夠滿足上下遊企業的需求，並調節兩者之間的供需矛盾，批發企業應該擁有必要的商品儲存，使其發揮保障商品傳遞的"蓄水池"作用。此外，國家平時也必須進行一定數量的戰略儲備，以用於應付未來的意外事件（如自然災害、戰爭等）。這些時間背離的矛盾都需要通過商品儲存來進行調節和解決。商品儲存起到了確保商品流通順暢而不會中斷的重要作用。

2. 倉庫類型與倉庫設施

商品儲存是通過倉庫實現的。倉庫是商品儲存的場所。由供應鏈上游組織來的商品在此匯集，然後直接或經一段時間的停留後流向下游組織。在集散之間，商品的檢驗、分類、重包裝、分揀、配貨等業務活動也可以在此進行。

倉庫的類型有多種。按使用目的可分為以流通為主的倉庫、以存儲為主的倉庫，按存儲功能可分為普通倉庫、露天倉庫、簡易倉庫、冷藏倉庫、恒溫倉庫、危險品倉庫等，按地理位置可分為港口倉庫、車站倉庫、機場倉庫、市區倉庫、郊區倉庫等，按建築物形態可分為平房倉庫、多層倉庫、地下倉庫、水上倉庫、立體倉庫。不同類型的倉庫有不同的特點和要求，具有不同的使用方向和使用效率。實踐中應根據具體需要靈活選擇，如冷藏倉庫需要配置具有冷卻功能和隔熱功能的設備，常用於冷凍食品或加工食品及其相關產品的儲存。

近年來，隨著自動化技術的發展，立體倉庫開始得到廣泛應用。立體倉庫是由高層貨架、巷道式堆垛機、出入庫輸送機系統、自動化控制系統、計算機倉庫管理系統及其周邊設備組成的，可對集裝單元貨物實現自動化儲存和計算機管理。它廣泛應用於大型生產企業的採購件與成品件倉庫、柔性制造系統，以及物流領域的大型物流中心、配送中心。

倉庫設施是實現商品儲存功能的必要條件。根據不同的需要，倉庫設施有多種形式，其中以貨架最為重要。貨架是由立柱片、橫梁和斜撐等，用於存放貨物的結構件組成。根據貨架的使用範圍不同，貨架及其貨架系列大致可分為：輕型貨架、超市貨架系統、圖書貨架系統、工業貨架系統、托盤貨架系統、重力貨架系統、移動貨架系統、貫通貨架系統、閣樓式貨架、滑動式貨架、懸臂式貨架等類型。隨著物流現代化進程的加快，倉庫設施日益追求與智能叉車等現代化搬運工具相配合，共同朝著自動化、標準化和現代化方向發展。

第二節　商品儲運期間質量的變化

一、商品的物理機械變化

1. 揮發與串味

揮發是指某些液體商品或經液化的氣體商品（液氮、液氨）在一定的條件下，其表面分子能迅速汽化而變成氣體散發到空氣中去的現象。液態商品的揮發速度與商品中易揮發的沸點、氣溫高低、空氣流速以及與它們接觸的空氣表面積等因素有關。一般情況下，商品中易揮發成分的沸點越低，氣溫越高，空氣流速越快，接觸空氣表面積越大，揮發的速度就越快；反之，則越慢。液體商品的揮發會降低商品的有效成分，增加商品損耗，降低商品質量；有些燃點很低的商品還可能引起燃燒或爆炸；有些商品揮發的蒸汽有害或具有麻醉性，容易造成大氣污染；有些商品受到氣溫升高的影響體積膨脹，使包裝內部壓力增大，可能發生爆炸，如乙醚、丙酮的揮發不僅危害人體健康，還容易發生燃燒或爆炸事故。因此，對於易揮發的液態商品，如汽油、白酒、氨水、花露水、香水等，應特別注意其包裝容器的嚴密性和嚴格控制倉庫溫度，保持在低溫條件下儲存，並要經常檢查，防止事故的發生。

串味是指吸附性較強的商品在吸附其他物品的特異氣味後，改變自身氣味的現象。商品串味，主要是由於它的成分中含有膠體物質以及具有疏鬆、多孔性組織結構。商品串味，與其表面狀況、與異味物質接觸面積的大小、接觸時間的長短以及環境中異味的濃度有關。易串味的商品有大米、面粉、木耳、食糖、餅干、茶等，易引起其他商品串味的商品有汽油、煤油、油漆、咸魚、臘肉、樟腦、肥皂、化妝品以及農藥等。預防商品串味，應對易被串味的商品盡量採取密封包裝，在儲存運輸中不得與有強烈氣味的商品同車同船並運或同庫儲存，同時還要註意運輸工具和倉儲環境的清潔衛生。

2. 溶化與熔化

溶化是指某些具有較強吸濕性和水溶性的晶體、粉末或膏狀商品（如食品中的食糖、糖果等；化工商品中的明礬、氯化鎂、氯化鈉等；某些醫藥制劑等）吸收潮濕空氣中的水分至一定程度後溶解的現象。影響商品溶化的因素主要是商品的吸濕性和水溶性，二者缺一不可，此外還與空氣接觸表面積、空氣相對濕度和氣溫等有關。一般情況下，氣溫和相對濕度越高，這類商品越容易溶化。所以在這類商品儲運過程中應避免其防潮包裝受損，也不能與含水量大的商品混存，要保持儲運環境的干燥、涼爽，堆碼也不宜過高，以防止壓力過大而加速商品溶化流失。

熔化是指某些固體商品在溫度較高時，發生變軟、變形，甚至熔融為液體的現象。造成商品熔化的內因是商品成分熔點較低和商品中含有某些雜質，外因是日光直射和氣溫較高。易發生熔化的商品有醫藥商品中的油膏類、膠囊類、化妝品中的香脂、發蠟等，化工商品中的鬆香、石蠟、硝酸鋅等。商品熔化會造成商品流失，有的浸入包裝，使商品和包裝粘連在一起；有的商品會體積膨脹，脹破包裝；有的會玷污其他商品，甚至使商品軟化而使貨垛倒塌，造成損失。因此，在這類商品儲運中應控制較低的溫度，採用密封和隔熱措施，防止日光照射，盡量減少溫度的影響，特別是在炎夏季節，要根據情況，適當採取降溫措施。

3. 滲漏與玷污

滲漏主要指液體商品發生跑冒滴漏的現象。商品滲漏主要是由於包裝材料不合格、包裝容器密封不嚴、儲運溫度變化所致。例如：金屬包裝焊接不嚴，受潮銹蝕；有些包裝耐腐蝕性差；有的液體商品因氣溫升高體積膨脹而使包裝內部壓力增加，脹破包裝容器；有的液體商品在降溫或嚴寒季節結冰，也會體積膨脹引起包裝破裂而造成商品損失。因此，對液體商品應加強入庫驗收和在庫商品檢查及溫、濕度控制和管理。

玷污是指商品外邊沾有其他髒物、染有其他污穢的現象。商品玷污，主要是由於生產、儲運中衛生條件差及包裝不嚴所致。對一些外觀質量要求較高的商品，如綢緞、呢絨、針織品、服裝、精密儀器、儀表等要注意預防玷污。

4. 脆裂與干縮

某些商品在干燥空氣中或經風吹後，會出現脆裂、干縮現象。如紙張、皮革及其製品、木製品、糕點、水果、蔬菜等，失去正常水分就會發生收縮脆裂。許多商品都有安全水分要求，如通常情況下，棉製品的安全水分為9%～10%，皮革製品為14%～18%。因此，為防止商品干縮、脆裂造成的質量和數量損失，這類商品需要儲存在避免日曬、風吹的場所，並且應控制儲存環境的相對濕度，以使其含水量保持在合理的範圍內。

5. 破碎與變形

破碎與變形是指商品在外力作用下所發生的形態上的改變。脆性較大或易變性的商品，如玻璃、陶瓷、搪瓷、鋁製品等，在搬運過程中因包裝不良受到碰撞、擠壓和拋擲，易破碎、掉瓷、變形等；塑性較大的商品，如皮革、塑料、橡膠等製品由於受到強烈的外力撞擊或長期重壓，易喪失回彈性能，從而發生形態改變。對易發生破碎與變形的商品，要注意妥善包裝、輕拿輕放。堆垛高度不能超過一定的壓力限度。

二、商品的化學變化

1. 分解、水解

分解是指某些化學性質不穩定的商品，在光、熱、酸、鹼及潮濕空氣作用下發生化學分解的現象。分解不僅使商品的質量變劣，而且還會使其完全失效，有時產生的新物質還有危害性。例如：用作漂白劑和殺菌劑的雙氧水，在常溫下緩慢分解，在高溫下則迅速分解，產生氧氣和水，此時雙氧水失去了效用，氧氣若遇到強氧化性物質還會發生燃燒或爆炸的現象。

水解是指某些商品在一定條件下與水作用而發生的復分解反應的現象。各種不同的商品，在酸或鹼的條件下，發生水解的情況也不一樣。例如：棉纖維在酸性溶液中，特別是在強酸溶液中，易於水解，使纖維的大分子鏈斷裂，分子量降低，從而大大降低纖維的強度。但是棉纖維在鹼性溶液中卻比較穩定。

2. 氧化

氧化是指商品與空氣中的氧或其他放出氧的物質接觸，發生與氧結合的化學變化。商品氧化不僅會降低商品的質量，有的還會在氧化過程中產生熱量，發生自燃，甚至引發爆炸。易於氧化的商品種類很多，例如：化工原料中的亞硝酸鈉、亞硫酸鈉、硫代硫酸鈉、保險粉等屬於易氧化的商品；棉、麻、絲等織物，若長期接觸日光，織物中的天然纖維素會被氧化，從而使織物變色、變脆、強度降低；油脂氧化會加速酸敗；酒類會變混濁；油布、油紙等桐油製品，未干透就打包儲存，容易發生自燃。因此，在這類商品儲運中應選擇低溫避光條件，避免與氧接觸，同時，還要注意通風散熱，有條件的可放入脫氧劑。

3. 鏽蝕

鏽蝕是金屬製品的特有現象，指金屬製品在潮濕空氣及酸、鹼、鹽等作用下，被腐蝕的現象。由於金屬所處的環境不同，所引起的化學反應也不同，主要有化學鏽蝕和電化學鏽蝕兩種。金屬製品的鏽蝕不僅會影響金屬製品外觀的質量，還會使商品的機械強度下降，甚至成爲廢品。

化學銹蝕是指金屬制品在干燥的環境中或無電解質存在的條件下，遇到空氣中的氧而引起的氧化反應。化學銹蝕的結果是在其表面形成一層薄薄的氧化膜，使金屬表面變暗，失去光澤。電化學銹蝕是指金屬制品在潮濕的環境中，水蒸氣在金屬表面形成水膜，水膜與空氣中的二氧化碳、二氧化硫等形成電解液，從而引起電化學反應。電化學銹蝕的結果是使金屬制品表面出現凹陷、斑點等現象。銹蝕嚴重的使商品内部結構鬆弛，機械強度降低，甚至失去使用價值。可見，電化學銹蝕比化學銹蝕的危害更大，是造成金屬商品銹蝕的主要原因。

4. 老化

老化是指高分子材料（如橡膠、塑料、合成纖維等）在儲運過程中，受到光、熱、氧等的作用，出現發粘、龜裂、變脆、強力下降、失去原有優良性能的變質現象。易老化是高分子材料存在的一個嚴重缺陷。老化的原因，主要是高分子物在光、熱等因素的作用下，引起大分子鏈斷裂、高聚物分子量下降或者引起分子鏈相互連接，形成網狀或梯形結構。前者稱爲降解反應，使高分子材料變軟、發粘、機械強度降低；後者稱爲交聯反應，使高分子材料變硬、發脆、喪失彈性。因此，在儲運這些商品時，要註意防止日光照射和高溫，尤其是暴曬，同時堆碼時不能過高，以免低層商品受壓變形。

三、商品的生理變化

1. 呼吸

呼吸作用是指有機體商品在生命活動過程中，由於氧和酶的作用，體内有機物質被分解，並產生熱量的生物氧化過程。呼吸作用可分爲有氧呼吸和無氧呼吸兩種類型。有氧呼吸是指鮮活食品在儲運中，爲了維持生命需要，在體内氧和酶的作用下，其體内葡萄糖和其他有機物與吸入的氧發生氧化反應，釋放出二氧化碳、水，並放出大量熱量的氧化過程。無氧呼吸是指有機體商品中葡萄糖在無氧或缺氧的情況下，利用分子内的氧，在酶的作用下分解成酒精、二氧化碳，並放出大量熱量的氧化過程。

不論是有氧呼吸還是無氧呼吸，都要消耗營養物質，降低食品的質量。有氧呼吸中熱的產生和積累，往往使食品腐敗變質。同時，有機體分解出來的水分，又有利於有害微生物生長繁殖，使商品的霉變加速。無氧呼吸則會使酒精積累，引起有機體細胞中毒，造成生理病害，縮短儲存時間。對於一些鮮活食品，無氧呼吸往往比有氧呼吸消耗更多的營養物。保持正常的呼吸作用，有機體商品本身會具有一定的抗病性和耐儲性。因此，鮮活食品的儲藏應保證它們正常而最低的呼吸，利用它們的生命活性，減少損耗，延長儲藏時間。

2. 後熟

後熟是指瓜果、蔬菜等類食品脫離母株後繼續成熟的現象。瓜果、蔬菜等的後熟作用，能改變色、香、味以及硬脆度等食用性能。如香蕉、柿子等只有達到後熟時，才具有良好的食用價值，但這對儲運保管不利。當後熟作用完成後，則容易發生腐爛變質，難以繼續儲藏，甚至失去食用價值。因此，對這類食品，應在其成熟之前採收並採取控制儲藏條件的辦法，來調節其後熟過程，以達到延長儲藏期，均衡上市的目的。

促進食品後熟的因素主要是高溫、氧氣和某些刺激性氣體成分，如乙烯、酒精等。蘋果組織中產生的乙烯，雖然數量極微，卻能大大加快蘋果的後熟和衰老進程，故在蘋果儲運中，爲延長或推遲後熟和衰老的過程，除控制溫度和通風外，還可放置活性炭、焦炭分子篩等吸收劑排除蘋果庫房中的乙烯成分。有時爲了及早上市，對某些果菜如番茄、香蕉、柿子、獼猴桃等，可利用人工催熟的方法加速其後熟過程，以滿足市場需要。

3. 發芽和抽薹

發芽和抽薹是指有機體商品（如馬鈴薯、蔥頭、大蒜等）在適宜條件下，衝破"休眠"狀態而發生的萌發現象。造成發芽和抽薹的因素主要有高溫、高濕、充足的氧氣和日光照射等。發芽和抽薹會使有機體商品的營養物質轉化爲可溶性物質，供給有機體本身的需要，從而降低有機體商品的質量。在發芽和抽薹的過程中，通常伴有發熱、發霉等情況，這不僅增加損耗，而且降低質量。因此，對這類商品必須控制它們的水分，並加強溫、濕度管理，防止發芽現象的發生。蔬菜收穫前後，對其進行輻射處理或施以適當濃度的植物生長素等，起到防止發芽和抽薹的作用。

四、商品的生物學變化

1. 霉變

霉變是指商品在霉菌微生物作用下所發生的變質現象。霉菌是一種低等植物，無葉綠素，菌體爲絲狀，主要靠孢子進行無性繁殖。在商品生產、儲運過程中，它們落在商品表面，一旦外界溫度、濕度適合其生長時，商品上又有它們生長需要的營養物質，就會生長菌絲。其中一部分附在商品表面或深入商品內部，其有吸收營養物質、排泄代謝產物的功能，成爲營養菌絲；另一部分菌絲豎立於商品表面，在頂端形成子實體或產生孢子，成爲全生菌絲。菌絲集合體的形成過程，就是商品"長毛"或霉味變質的過程。

商品霉變的實質是霉菌在商品上吸取營養物質與排泄廢物的結果。在氣溫高、濕度大的季節，如果倉庫的溫、濕度控制不好，儲存的針棉織品、皮革制品、鞋帽、紙張、香煙、中藥材、糧食及其制品等許多商品就會生霉"長毛"，對商品的危害性很大。霉菌有三萬多種，對商品危害性較大的霉菌除有毛霉菌外，還有根霉菌、曲霉菌（特別是黃曲霉菌）、青霉菌等。受霉菌污染的商品會出現變色、有霉味、有毒、發脆或強度降低等現象。

霉菌在商品體上生長、繁殖，除商品上有它們需要的營養物質外，還與水分、溫度、日照、酸鹼度有關。多數霉菌是喜濕性的，最適生長的溫度爲20℃~30℃。

2. 腐敗

腐敗主要是指腐敗細菌作用於食品中的蛋白質而發生的分解反應。含水量大和含蛋白質較多的生鮮食品最容易出現腐敗，例如植物性食品中的豆制品，動物性食品中的肉、乳、魚、蛋等。食品中的蛋白質通過細菌自身分泌出的蛋白酶先把蛋白質分解成氨基酸，除吸收一部分外，餘下的將被進一步分解成多種有酸臭味和有毒的低分子化合物，同時還釋放出硫化氫、氨等有臭味的氣體。食品腐敗後，不僅其營養成分被分解，產生惡臭，更嚴重的是還產生許多劇毒物質，如胺類化合物等，使食品完全喪失食用價值，並危及食用者的健康。

3. 發酵

發酵是指某些酵母和細菌所分泌的酶，作用於食品中的糖類、蛋白質而發生的分解反應。發酵分為兩種：一種是正常發酵，它廣泛應用於食品釀造業。例如，我國白酒的生產工藝概括起來有固態發酵工藝、半固態發酵工藝和液態發酵工藝。另一種是非正常發酵，即空氣中的這些微生物在適宜環境條件下作用於食品而進行的發酵。常見的這類發酵有酒精發酵、醋酸發酵、乳酸發酵和酪酸發酵等。這些微生物能在醬油、醋、葡萄糖等商品表面形成一層薄膜，不但破壞了食品中的有益成分，使其失去原有的品質，而且會出現不良氣味，影響食品的風味和質量，有的還會產生危害人體健康的物質。所以防止食品在儲運中發酵，除了注意衛生外，密封和控制較低溫度也是十分重要的。

4. 蟲蛀鼠咬

商品在儲存期間，常常會遭到倉庫害蟲的蛀蝕和老鼠的啃咬，使商品體及包裝受到破壞。經常危害商品的倉庫害蟲有 40 多種，主要有甲蟲類、蛾類、蟑螂類、蟎類等。倉庫害蟲與其他動物不同，一般有較強的適應性，在惡劣環境下仍能生存，並且食性雜，繁殖力強，繁殖期長，對溫度、光線、化學藥劑等外界環境的刺激有一定的趨向性。倉庫害蟲的這些習性，對商品儲存造成了極大的危害。鼠類屬於嚙齒動物，它們繁殖能力強，一年可繁殖 3~6 次，每次產 8~9 只，一般壽命 1~3 年。鼠類食性雜且具有咬嚙特性，記憶力強，視覺、嗅覺、聽覺等很靈敏，一般在夜間活動。

倉庫害蟲在危害商品的過程中，不僅破壞商品的組織結構，使商品發生破碎和洞孔，還排泄各種代謝廢物污染商品，影響商品的質量和外觀，降低商品的使用價值，有的商品甚至因此完全喪失了使用價值。

第三節　儲運商品的質量管理

商品在儲存過程中發生的質量變化，都是由倉庫內外一定的環境因素引起的，所以在商品儲存的質量管理中，要貫徹"預防為主"的方針，事先採取各種管理措施，把能夠影響商品質量的各種外界因素盡可能排除或控制在最低水平。從商品入庫到商品出庫實施全過程管理、全員管理，力求在商品儲存期間，做到商品質量基本不變。對已經出現質量劣變的商品，能補救的盡量補救，不能補救的另行處理。

一、商品的入庫管理

1. 入庫驗收

儲存商品種類繁多，規格不一，性質複雜，經過長途運輸，容易受到外界因素影響而發生變化。因此加強商品入庫驗收工作至關重要。只有通過嚴格的驗收，才可以保質保量，減少差錯，為商品保管工作打下良好的基礎。商品入庫驗收的主要內容有三項，即單貨檢驗、包裝檢驗和質量檢驗。

單貨檢驗，就是指在商品入庫時，校對憑證，清點檢查。主要是核對貨單上所列的品名、產地、規格、貨號、數量、單價等信息是否與入庫商品原包裝標簽上的各項內容一致，即使只有一項不符，也不能入庫。包裝檢驗，就是指清點商品規格數量的同時，還要檢查包裝是否符合要求，有無玷污、殘破、拆開等現象，有無受潮、水濕、發霉的痕跡，包裝上的文字圖案是否清楚等。包裝不牢、影響堆垛等也不能入庫。質量檢驗，是指在查看包裝外部情況時，還要適當開箱拆包，查看內部商品是否有生霉、鏽蝕、熔化、蟲蛀、鼠咬等現象，液體商品要檢查有無沉澱，甚至檢驗商品內在質量。有質量問題的暫不入庫。

2. 分區、分類、分批管理

各種商品的性質不同，要求的儲存條件和允許的保質期或失效期也不相同。某些不同種類商品不能混合存放，否則會造成串味、發生化學反應甚至燃燒、爆炸。因此，商品的儲存保管必須根據對象特點，進行分類對待，分區管理。具體的管理方法有三種：第一種是按商品種類和性質進行分區分類管理，同性質的普通商品可以同區存儲，貴重商品和化工危險品適宜專倉專儲。第二種是按發往地區進行分類管理，它適用於儲存期限不長，而進出數量較大的商品，但對化工危險品、性能和相互抵觸以及運價不同的商品，應分別存放。第三種是按商品危險性質進行分類管理，此種方法適用於特種倉庫，根據危險品本身具有的特性進行分類存儲管理，以防止互相接觸而發生燃燒、爆炸等。

分批管理是指將儲存商品按生產批號、入庫日期、保質期或失效日期等倒序堆碼，並依據先產先出、先進先出、近期先出、易變先出的原則予以管理，以盡可能避免儲存商品的質量劣變。

3. 貨位選擇

貨位選擇是指倉庫中實際可用堆垛的面積，貨位的選擇是在商品分區分類管理的基礎上進行的。分區分類管理是對倉庫商品的合理布局，貨位選擇則是具體落實每批次入庫商品的儲存點。合理貨位選擇必須遵循商品安全、方便吞吐發運、力求節約庫容的原則。在選擇貨位時，既要掌握不同的商品特性，又要認真考慮存貨區的溫濕度、風吹、日曬、光照等條件。例如：對怕濕、易霉、易鏽的商品，宜選擇密封的貨位；對怕光、怕熱、易熔的商品，應選擇低濕干燥的貨位；對怕凍的商品，應選擇高於0℃的貨位；對各種化工危險品，應選擇在郊區分類專存；對性能相互抵觸和揮發串味的商品，不能同區儲存；對外包裝含水量過高而影響鄰垛商品安全的，也不能同區儲存；等等。

4. 商品堆垛

商品堆垛的高度取決於三個方面：一是商品包裝容許的層數，二是庫房地坪負載範圍內是否超重，三是庫房高度範圍內不能超高。一般而言，貨垛與牆壁之間的距離為0.3~0.5米，內牆為0.1~0.2米，頂距為0.2~0.5米，燈距不少於0.5米。

堆垛的方法取決於商品性能、包裝質量和倉儲設備等條件。根據包裝形狀、批量大小和倉庫的裝運與搬運機械化程度不同，大體可分爲整體商品堆垛法、貨架堆垛法和散商品堆垛法。在具體堆垛時，對含水量高、易霉腐變質、但適合通風的商品，在梅雨季節應堆砌通風垛，堆垛不宜過高；對易滲漏商品，應堆成間隔式行列垛，以便於及時檢查；對易彎曲變形的商品，應堆成平直交叉式實心垛等。此外，在堆垛時要註意做好地面的防潮工作。在底層庫房、貨棚堆垛商品時，一定要墊底，做好隔潮處理，垛底一般爲30～50厘米，以便垛下通風散熱。

二、商品在庫與出庫管理

1. 環境衛生管理

儲存環境不衛生，往往會引起微生物、害蟲和鼠類的滋生和繁殖，還會使商品被灰塵、油污、垃圾玷污，進而影響商品質量。因此，要經常對庫內進行徹底清掃，庫外達到雜草、污水、垃圾三不留。必要時使用藥劑消毒殺菌、殺蟲滅鼠，以確保食品安全。

2. 商品在庫管理

在整個儲存期間，要對商品經常進行定期或不定期、定點和不定點的檢查，檢查的時間和方法應根據商品的性能及其變化規律，結合季節、儲存環境和時間等因素決定。檢查時，主要以眼看、耳聽、鼻聞、手摸等感官檢驗爲主，必要時可配合使用儀器進行檢查。如發現問題，應立即分析原因，並採取補救措施，如翻推倒垛、加工整理、施放藥劑或採取晾曬、密封、通風、吸潮等方法，改善保管條件，保證商品安全。

3. 溫濕度管理

商品在儲存期間，會受到各種外界因素影響，其中以空氣的溫度和濕度的影響最爲主要。商品儲存中所有的質量變化都與溫濕度有關，因此，必須根據商品的特性、質量變化規律以及本地區氣候情況與庫內溫濕度的關係，加強庫內溫濕度的管理，採取切實可行的措施，創造適宜商品儲存的溫濕度條件。控制與調節倉庫溫度、濕度的方法很多，目前主要採取密封、通風、吸濕、保溫等措施。

密封是指利用密封材料（如塑料薄膜）對庫房中商品嚴密封閉，從而消除外界環境不良影響，保證商品安全儲存的方法。密封的形式有多種，如整庫密封、貨垛密封、貨架密封和按件密封等。密封不僅能防潮、防熱、防乾裂、防熔化等，還可達到防霉、防蛀、防老化等多方面的效果。密封是倉庫溫濕度管理工作的基礎，沒有密封措施，就無法運用通風、吸濕等方法調節庫內的溫濕度。

通風是指利用空氣自然流動規律或借助機械形成的空氣定向流動，有目的地使倉庫內外空氣部分或全部地交流，從而調節庫內溫濕度的方法。通風應根據各種商品的性能和對溫濕度的不同要求來進行。例如：五金商品怕濕、不怕熱，只要庫外濕度低於庫內濕度，就可以通風；皮革怕濕又怕熱，通風時應盡可能同時達到降低庫內溫濕度的目的。通風的方法有自然通風和機械通風兩種。商品儲存中通風要與密封、吸潮等配合起來，否則通風後難以維持其效果。

庫內溫濕度的管理，除採取適當的通風和密封措施外，還必須採用有效的吸濕或加濕措施來配合。當庫內相對濕度超過安全範圍，而庫外氣候又不具備通風條件時，如梅雨季節或陰雨天，可在密封庫內用吸濕劑吸濕、去濕或加熱等方法來吸收空氣中的水分，降低庫內相對濕度。若庫內相對濕度過低，而庫外相對濕度也不高，對於易爆、脆裂的商品來說，應採用噴蒸汽、直接噴水使其自然蒸發等加濕措施，使庫內相對濕度增加。

4. 出庫管理

商品出庫，必須做到單隨貨走，單、貨數量當面點清，商品質量（品質）要當面檢驗。包裝不牢或破損以及標籤脫落或不清的，應修復後交付貨主。爲了避免商品因儲存期過長而發生質變的危險性，出庫同種商品時，貫徹"先產先出、先進先出、近期先出、易變先出"的原則。易燃、易爆等商品出庫時，應依據公安部門的有關規定辦理手續。商品出庫必須把好"五不出"：無出庫憑證（單據）或憑證無效的商品不出庫；手續不合要求的不出庫；質量不符合要求的不出庫；規格不對或配件不齊的不出庫；未經登記入帳的商品不出庫。

第四節　儲運商品的養護方法

一、防霉腐的方法

商品的成分結構和環境因素，是霉腐微生物生長繁殖的營養來源和生存的環境條件。因此，商品的防霉腐工作必須根據微生物的生理特性，採取適宜的措施進行防治。首先立足於改善商品組成、結構和儲運的環境條件，使它不利於微生物的生理活動，從而達到抑制或殺滅微生物的目的。

1. 藥劑防霉腐

藥劑防霉腐是指利用化學藥劑使霉腐微生物的細胞和新陳代謝活動受到破壞或抑制，進而達到殺菌或抑菌，防止商品霉腐的目的。藥劑防霉腐要和生產密切配合，在生產過程中就把防霉劑、防腐劑加到商品中去，既方便又可收到較好的效果。對批量小的易霉腐工業品商品，如皮革制品等，也可在儲運時把防霉腐藥劑加到商品表面。工業品防霉腐藥劑有三氯酚鈉、水楊酰苯胺、多菌靈、潔兒滅、甲醛等，可用於紡織品、鞋帽、皮革、紙張、竹木制品等商品的防霉腐。用於食品的防霉腐藥劑有苯甲酸及其鈉鹽、山梨酸及其鉀鹽等，常用於飲料、面醬、蜜餞、山楂糕、罐頭等食品的防霉腐。防霉腐藥劑的選用必須遵循低毒、高效、無副作用、價格低廉等原則，在使用時還必須註意對使用人員的身體健康無不良影響和對環境不造成污染等。

2. 氣相防霉腐

氣相防霉腐是指利用藥劑揮發出來的氣體滲透到商品中，殺死霉菌或抑制其生長和繁殖的方法。這種方法效果好，應用面廣。常用的氣相防霉劑有多聚甲醛、環氧乙烷等。多聚甲醛在常溫下可分解聚成有甲醛刺激氣味的氣體，使菌體蛋白質凝固，以殺死或抑制霉腐微生物。環氧乙烷作爲防腐劑，能與菌體蛋白質與酚分子的羧基、氨基、羧基中遊離的氫原子結合，生成羧乙基，使細菌代謝功能出現障礙而死亡。環氧乙烷分子穿透力比甲醛大，殺菌力也比甲醛強，但會破壞纖維素和氨基酸，因而不宜用作糧食和食品的防霉腐，只可用於皮革製品的防霉。需要注意的是，氣相防霉腐要求包裝材料和包裝容器具有氣率小、密封性能好的特點，還應與密封倉庫、大型塑料膜罩或其他密封包裝配合使用，以獲得理想效果。

3. 氣調防霉腐

氣調防霉腐是指根據好氧性微生物需氧代謝的特性，通過調節密封環境（如氣調庫、商品包裝等）中氣體（二氧化碳、氮氣、氧氣等）的組成成分，降低氧氣濃度，以抑制霉腐微生物的生理活動、酶的活性和鮮活食品的呼吸強度，達到防霉腐和保鮮目的的一種方法。目前氣調防霉腐有三種方法：一是靠鮮活食品本身的呼吸作用釋放出的二氧化碳來降低塑料薄膜罩內氧氣含量，即自發氣調；二是將塑料薄膜罩內的空氣抽至一定的真空度，然後再充入氮氣或二氧化碳氣，即機械氣調；三是採用脫氧劑來使包裝內的氧的濃度下降，即化學氣調。此外，氣調防霉腐還需要有適當的低溫條件的配合，才能較長時間保持鮮活食品的新鮮度。氣調防霉腐可用於水果、蔬菜的保鮮，也開始用於糧食、油料、肉及肉製品、魚類、鮮蛋和茶葉等多種食品的保鮮。

4. 低溫防霉腐

低溫防霉腐是指通過控制存儲食品本身的溫度，使其低於霉腐微生物生長繁殖所需的最低溫度界限，從而控制酶的活性和抑制霉腐微生物的代謝與生長繁殖，達到防霉腐的目的。低溫防霉腐所需的溫度與時間應視具體存儲商品而定，一般情況下，溫度越低，持續時間越長，霉腐微生物的死亡率越高。按所控溫度的高低和時間的長短，分為冷藏和冷凍兩種。冷藏防霉腐適用於含水量大又不耐冰凍的易霉腐商品，短時間在0℃左右的冷卻儲藏，如蔬菜、水果、鮮蛋等。冷藏期間，霉腐微生物的酶幾乎都失去了活性，新陳代謝的各種生理生化反應緩慢，甚至停止，生長繁殖受到抑制，但並未死亡。冷凍防霉腐適用於耐冰凍、含水量大的易霉腐商品，較長時間在-16℃～-18℃的凍結儲藏，如肉類、魚類。

5. 干燥防霉腐

干燥防霉腐是指通過各種措施降低商品本身的含水量，使霉腐微生物不能得到生長繁殖所需要的水分來達到防霉腐目的。因為干燥可使微生物細胞蛋白質變性並使鹽類濃度增高，從而使微生物生長受到抑制或促使其死亡。霉菌菌絲抗干燥能力更弱，特別是幼齡菌種抗干燥能力更弱。干燥防霉腐有自然干燥法和人工干燥法兩種。自然干燥法是指利用自然界的能量，如日曬、風吹、陰涼等方法使商品干燥。該方法經濟方便，廣泛應用於原糧、干果、干菜、水產海味干製品和某些粉類製品的防霉腐。人工干燥法是指在人工控制環境下對商品進行脫水干燥的方法。比較常用的方法有熱風干燥、噴霧干燥、真空干燥、冷凍干燥及遠紅外和微波干燥或者在密封的包裝內放置一定量的干燥劑等。

6. 輻射防霉腐

輻射防霉腐是指利用放射性同位素產生的γ射線照射商品的方法。γ射線是一種波長極短的電磁波，能穿透數米厚的固體物，能殺死商品上的微生物和害蟲，抑制蔬菜、水果的發芽或後熟，而對商品本身的營養價值並無明顯影響。包裝的商品經過輻射後即完成了消毒滅菌的工作。經照射後，如果不再污染，配合冷藏條件，小劑量輻射能延長保存時間，而大劑量輻射則可徹底滅菌，長期保存。但要註意，射線的劑量過大也可能會加速包裝材料的老化和分解，因此也要註意控制劑量。

二、防蟲鼠的方法

儲運中害蟲的防治工作應貫徹"預防為主，防治結合"的方針。對某些易生蟲的商品，如原材料，必須積極地向生產企業提出建議和要求。在生產過程中，對原材料採取殺蟲措施，如對竹、木、藤原料，可採取沸水燙煮、汽蒸、火烤等方法，殺滅隱藏的害蟲。對某些易遭蟲蛀的商品，在其包裝或貨架內投放驅避藥劑，如天然樟腦或合成樟腦等。此外，儲運中害蟲的防治還常採用化學、物理、生物等方法，殺滅害蟲或使其不育，以維護儲運商品的質量。

1. 化學殺蟲法

化學殺蟲法是指利用化學藥劑來防治害蟲的方法。在實施時，應考慮害蟲、藥劑和環境三者之間的關係。例如，針對害蟲的生活習性，要選擇其抵抗力最弱的蟲進行施藥，藥劑應低毒、高效和低殘留，且對環境無污染。在環境溫度較高時施藥，可獲得滿意的殺蟲效果。

化學殺蟲按其作用於害蟲的方式，主要分為熏蒸殺蟲、觸殺殺蟲和胃毒殺蟲三種。熏蒸就是指採用熏蒸劑這類化合物在能密閉或近於密閉的空間（如庫房、車廂或船艙）內殺死害蟲、病菌或其他有害生物的技術措施。常用的熏蒸劑有磷化鋁、氯化苦、溴甲烷、環氧乙烷、硫酰氟、氫氰氟、三氯乙烷、二溴乙烷、四氯化碳等。觸殺是指殺蟲劑與害蟲表皮或附器接觸後滲入蟲體或腐蝕蟲體蠟質層或堵塞氣門而殺死害蟲的技術。常用的觸殺劑有辛硫磷、對硫磷、溴氰菊酯等。胃毒殺蟲是指使用胃毒劑，通過害蟲的口器和消化道進入蟲體使害蟲中毒死亡的殺蟲技術。常用的胃毒劑有敵百蟲、砷素劑、氟素劑等。

2. 物理殺蟲法

物理殺蟲法是指利用各種物理因素，如熱、光、射線等，破壞儲運商品上害蟲的生理活動和機體結構，使其不能生存或繁殖的方法。主要有高、低溫殺蟲法，射線殺蟲與射線不育法，遠紅外線與微波殺蟲法，充氮降氧殺蟲法等。

高溫殺蟲法是指利用日光暴曬（夏天日光直射溫度50℃左右）、烘烤（一般溫度為60℃~110℃）、蒸汽（溫度為80℃左右）等產生的高溫作用，使商品中的害蟲致死的方法。低溫殺蟲法是指利用低溫，使害蟲體內酶的活性受到抑制，生理活動緩慢，處於半休眠狀態，不食不動，不能繁殖，時間過久會因體內營養物質過度消耗而死亡。射線殺蟲法是指用高劑量或低劑量的 γ 射線輻射蟲體，或者使害蟲立即死亡，或者引起生殖細胞突變導致機體不育。微波和遠紅外等殺蟲法是指利用光輻射和產生的高溫使蟲體喪失活力或死亡。

3. 生物防治法

利用害蟲的天敵（寄生物、捕食者、病原微生物）來防治害蟲、利用昆蟲的性引誘來誘集害蟲或干擾成蟲的交配繁殖等都屬於生物防治法。

在農業生產中，生物農藥既能殺蟲又符合環保要求。生物農藥是指自然界存在的，對農作物病蟲害具有抑製作用的各種具有生物活性的天然物質，包括對這些活性物質進行開發所獲得的、對環境安全友好、不易產生抗藥性的生物制品，以及可以抑制病蟲害的真菌、細菌、病毒等病原微生物。生物農藥最大的特點是以生物群治生物群，通過提取"天敵"的有效物質，制成農藥來防治病蟲害，或是使"天敵"能夠在體內合成致毒物質等，用作生物農藥來防治病蟲害。隨著最新分子生物學手段的應用，轉基因生物農藥新品種不斷湧現，向更加安全和環保的方向發展，達到"以菌治蟲"的目的。

4. 防鼠與滅鼠法

防鼠與滅鼠，要針對鼠類的特性和危害規律，採取防治與突擊圍剿相結合的辦法，搗其巢穴、斷其來路、消其疑忌、投其所好，進行誘捕。

防鼠的主要方法是：保持庫房內外清潔衛生，清除垃圾，及時處理堆積包裝物料及雜亂物品，不給鼠類藏身的活動場所。還需要用碎瓷片和碎玻璃與黃沙、石灰或水泥摻和，堵鼠洞，截斷其活動通路。

滅鼠也有多種方法。除了傳統的方法（如鼠夾、鼠籠、粘鼠膠等）外，還可用電貓（微電流高壓電擊滅鼠裝置）等新的滅鼠方法。這些捕鼠方法，對人畜比較安全，只是效果差些。目前效果較好的還是用滅鼠藥（如殺鼠靈、氯敵鼠等抗凝血滅鼠劑）毒殺，但要妥善處理死鼠，以免被其他動物吃掉，造成死亡或污染環境。在食品儲藏庫中不宜使用滅鼠藥。除上述滅鼠方法外，還可採用驅鼠劑（如放線酮等）來驅除鼠類，或使用植物性複合不育劑及生物毒素滅鼠。

三、防銹蝕的方法

金屬商品的電化學銹蝕，除與內在因素如金屬及其制品本身的組成成分、電位高低、表面狀況有關外，還主要取決於金屬表面是否存在電解液膜。因此，在防止金屬商品電化學銹蝕的方法中，大多數是圍繞防止金屬表面生產水膜而進行的。在生產部門，為了提高金屬的耐腐蝕性，最常採用的方法是在金屬表面塗蓋防護層，如噴漆、搪瓷塗層、電鍍等，使金屬與促使金屬銹蝕的外界條件隔離開來，從而達到防銹蝕的目的。在倉儲過程中使用的防銹蝕方法是改善倉儲條件、塗油防銹、氣象防銹和可剝性塑料封存等。

1. 塗油防銹

塗油防銹是流通中常用的一種簡便有效的防腐方法。它是指在金屬表面塗覆一層油脂薄膜，在一定程度上使大氣中的氧、水分以及其他有害氣體與金屬表面隔離，從而達到防止或減緩金屬制品生銹的方法。此法屬於短期的防銹方法（最長不超過5年），隨著時間的推移，防銹油會逐漸消耗，或由於防銹油的變質，而使金屬商品又有重新生銹的危險。目前常用的防銹油種類有溶劑型薄層防銹油、蠟膜防銹油（含某些油溶性蠟）、水溶性防銹油（環保型）、凡士林防銹油、氣相防銹油等。

2. 氣相防銹

氣相防銹是指利用揮發性氣相防銹劑在金屬制品周圍揮發出緩釋氣體,來阻隔空氣中的氧、水分等有害因素的腐蝕作用以達到防銹目的的一種方法。這是一種較新的防銹方法,具有使用方便、封存期較長、使用範圍廣的特點。它適用於結構複雜、不易被其他防銹方法所保護的金屬制品的防銹。常用的氣相防銹劑有亞硝酸二環己胺、肉桂酸、甲醛等。常用的氣相防銹形式有三種,即氣相防銹紙防銹、粉末法氣相防銹、溶液法氣相防銹。具體操作中根據不同的金屬制品,選擇不同種類的氣相防銹劑,氣相防銹的形式也要根據需要和實際情況進行選擇,只有這樣才能達到滿意的效果。

3. 可剝性塑料封存

可剝性塑料是指用高分子合成樹脂爲基礎原料,加入礦物油、增塑劑、防銹劑、穩定劑以及防腐劑等,加熱溶解後制成的塑料液。這種塑料液噴塗於金屬制品表面,能形成可以剝落的一層特殊的塑料薄膜,像給金屬制品穿上一件密不透風的外衣,它有阻隔腐蝕介質對金屬制品的作用,以達到防銹目的。可剝性塑料中,常用的樹脂有乙基纖維素、醋酸丁酸纖維素、聚氧乙烯樹脂、過氯乙烯樹脂和改性酚醛樹脂等。可剝性塑料按其組成和性質的不同,可分爲熱熔型和溶劑型兩類,其中溶劑型形成的膜層較薄,防銹期較短。以上兩種薄膜都能阻隔外界環境的不良因素,具有防止生銹的作用,啓封時用手即可剝除。

四、防老化的方法

防老化是指根據高分子材料性能的變化規律,採取各種有效措施以減緩其老化的速度,達到提高材料的抗老化性能,延長其使用壽命的目的。高分子商品的防老化應從以下兩方面着手:

1. 提高商品本身的抗老化作用

高分子材料的防老化,首先應提高高分子材料本身對外界因素作用的抵抗能力。例如,通過改變分子構型,減少不穩定結構,或除去雜質,可提高高分子材料本身對外界因素作用的抵抗能力。還可以在加工生產中,用添加防老化劑(抗氧劑、熱穩定劑、光穩定劑、紫外線吸收劑等)的方法來抑制光、熱、氧等外界因素的作用,提高其耐老化性能。此外,還可以在高分子材料商品的外表塗以漆、膠、塑料、油等保護層,有顯著的防老化作用。如對塑料商品可在其表面塗一層用某些塑料粉末制成的薄膜,以提高耐磨、耐熱和耐氣候等性能。

在上述防老化方法中,添加防老化劑是常用而又有效的一種方法。防老化劑是一種提高高分子材料和制品的熱加工性能和儲運、使用壽命的化學物質,其添加量很小,但能使材料和成品的耐老化性能提高數倍乃至數千倍。

2. 控制儲運中引起老化的因素

商品的防老化工作主要是在生產過程進行,但在儲運過程也應採取一系列防老化措施:①妥善包裝。完好而妥善的包裝可使商品與外界環境隔離,這樣可以減少外界因素的影響。②控制溫度。溫度對商品老化有直接的影響,所以高分子商品應存放在受溫度影響較小的庫房里,不宜露天存放,更不宜暴曬。③合理堆碼。高分子商品堆碼時要註意通風散熱，底層商品承重不能過大，以免造成擠壓，加劇老化。

案例學習：

化學危險品商品的消防安全

　　化學危險品商品的種類很多，性質也比較複雜，分別具有不同程度的易燃性、助燃性、爆炸性、腐蝕性和放射性等危險特徵。在儲存危險品的過程中，較劇烈的震動、撞擊、摩擦、接觸火源或熱源、受日光暴曬、雨淋水浸、溫度和濕度變化以及與性質相抵觸的物品接觸都可能引起燃燒、爆炸、中毒、灼燒等災害事故，因此對化學危險品商品的儲存與養護都有特別嚴格的規定和要求，其中最主要的就是消防安全防護措施。化學危險品的消防安全防護應根據危險品的性質選擇不同的措施，從選擇庫存地點、確定庫存條件、發生火災後的補救等方面入手。

　　1. 倉庫選擇

　　儲存化學危險品商品的倉庫應選擇在人烟較為稀少的空曠地帶，嚴格按照各自的特性專庫存放。性質相抵觸的危險品嚴禁同庫存放；起爆器材與炸藥及其他易爆品不得同庫存放。

　　2. 庫存環境控制

　　倉庫應具有陰凉、干燥、通風的條件，嚴格控制庫內溫濕度，防止日光直接照射，安裝避雷設備，電燈使用低壓電源並安裝防護燈罩或安裝防爆式電燈，庫區嚴禁烟火，機動車進入庫區要裝防火帽。

　　3. 火災撲救

　　一旦化學危險品發生火災，應根據發生火災的危險品的性質選擇適宜的撲救措施。爆炸品引起的火災主要用水撲救。氧化劑起火大多數可用霧狀水撲救，也可以分別用二氧化碳滅火器、泡沫滅火器和沙撲救。要註意的是遇水燃燒的商品只能使用干沙和二氧化碳滅火器滅火。壓縮性氣體和液化氣體起火可用沙土、二氧化碳滅火器、泡沫滅火器撲滅。自燃性商品起火可用大量水或其他滅火器材滅火。易燃液體起火用泡沫滅火器最有效，也可用干粉滅火器、沙土、二氧化碳滅火器滅火。須註意的是由於絕大多數易燃液體都比較輕且不溶於水，故不能用水撲救。易燃固體起火一般可用水、沙土、泡沫滅火器、二氧化碳滅火器等滅火。腐蝕性商品中的碱類和酸類的水溶液着火可用霧狀水撲救，但遇水分解的多鹵化合物、氯磺酸、發烟硫酸等，決不能用水撲救，只能用二氧化碳滅火器滅火，有的也可用干沙撲滅。毒害性商品失火一般可用大量水撲救，液體有毒的宜用霧狀水或沙土、二氧化碳滅火器滅火。但其中的氰化物着火決不能使用酸碱滅火器和泡沫滅火器，因為酸與氰化物作用能產生極毒的氰化氫氣體，危害性極大。放射性物品起火可用大量水或其他滅火器撲滅。

思考題：

1. 商品儲運期間質量的化學變化有哪些？
2. 商品儲運期間質量的生物學變化有哪些？
3. 說明商品儲存期間質量管理的流程及內容。
4. 列舉儲運商品養護的一般技法。

國家圖書館出版品預行編目(CIP)資料

商品學/ 劉瑜、楊海麗 編著. -- 初版.
-- 臺北市：崧燁文化，2018.07

面 ； 公分

ISBN 978-957-681-305-4(平裝)

1.商品學

496.1　　　　107010926

書　名：商品學
作　者：劉瑜、楊海麗 編著
發行人：黃振庭
出版者：崧燁文化事業有限公司
發行者：崧燁文化事業有限公司
E-mail：sonbookservice@gmail.com
粉絲頁　　　　　網址：
地　址：台北市中正區重慶南路一段六十一號八樓815室
8F.-815, No.61, Sec. 1, Chongqing S. Rd., Zhongzheng Dist., Taipei City 100, Taiwan (R.O.C.)
電　話：(02)2370-3310　傳　真：(02) 2370-3210
總經銷：紅螞蟻圖書有限公司
地　址：台北市內湖區舊宗路二段121巷19號
電話：02-2795-3656　傳真：02-2795-4100　網址：
印　刷 ：京峯彩色印刷有限公司（京峰數位）

　　本書版權為西南財經大學出版社所有授權崧博出版事業股份有限公司獨家發行電子書繁體字版。若有其他相關權利需授權請與西南財經大學出版社聯繫，經本公司授權後方得行使相關權利。

定價：250 元

發行日期：2018 年 7 月第一版

◎ 本書以POD印製發行